海 風 下

—— 2023年經典版 ——

UNDER
THE
SEA WIND

Rachel Carson 瑞秋・卡森 ———— 著　尹萍 ————譯

目次

1941 年原著首版前言

瑞秋．卡森

　　《海風下》的寫作動機，是想生動呈現我十年來逐漸認識清楚的海洋及其生物的生活實況，讓讀者透過書本得以體會。

　　而且，我深深相信海洋生物值得大家瞭解。站在海邊，察知潮起潮落；感覺霧如氣息，越過大鹽渚而來；觀看千萬年來在大陸邊緣潮水線上忽焉高升忽焉降落的成群濱鳥；目睹老鰻與幼鯡奔赴海洋。這些是天地間亙古長存的景象，遠在人類能夠站在海濱驚嘆海洋之雄奇壯美以前便已存在。海洋及其生物多少世紀多少時代春夏秋冬循環往復周而復始，哪管人類的帝國誰興誰亡誰盛誰衰？

　　籌劃寫作時，我首先面臨的問題是要以誰為主角。很顯然，不管是鳥、魚、哺乳類或其他少見的海洋生物，沒有一種能遍居於我想描寫的海洋各個地帶。這問題很快不刃而解，因為我體認到，海洋本身是當仁不讓的主角。我喜歡也好，不願意也罷，海的意志不可避免充塞著全書每一頁，生活在海洋之中的生物無分大小全由它主宰生死。

　　《海風下》是一系列描情敘事的文章，依照時序次第展現

沿岸、外海以及海底生物的生活。讀者閱讀時像是在觀看許多事件逐一發生，作者並未加添評論，所以也許應該在此先作解說。

第一部「海的邊緣」，描寫的是北卡羅來納一段海岸的生態。這地方沙丘處處，海燕麥生長其間，又有寬廣的鹽沼，峽灣寂靜，海灘荒涼。我從春天談起，寫黑色剪嘴鷗剛從南方回來，鯡魚群正從海洋上溯溪流，而濱鳥的春季大遷徙已達到最高峰。

當我看到鷸鳥在春天的潮水線上奔跑戳刺時，這候鳥其實正要展開萬里飛行的驚人壯舉，在作出發前夕的養息。因此我花了一整個篇章描寫濱鳥夏季在北極荒原上的浪遊。之後我們跟隨鳥群在夏末返回卡羅來納的峽灣地帶，記錄下各種鳥、魚、蝦以及其他海洋生物在季節變換中的種種移動。

第二部「鷗鳥飛處」，寫同一時間在外海發生的事件，不過海洋中的季節循環有不同的狀態。外海，完全看不到陸地，再過去很多浬的大海裡面，有各種各樣奇特美麗、但極少人有幸得見的生物。

第二部也敘述了鯖魚的故事，這海洋的流浪者在大洋表面的孵育地誕生，幼年隨同浮游生物群漂泊浪蕩，青少年期在新英格蘭某個海港的庇護之下度過，然後加入少壯鯖魚大隊漫遊四海，遭到愛吃魚的各種鳥、大魚以及人類的追捕獵殺。

第三部「溯河歸海」，先談大陸棚邊緣的海底緩坡，再到

大洋深處的沉淵。幸好有一種生物，生命史中遍及海陸，那就是鰻魚。要描述這奇妙動物的整個生命週期，必須起始於入海河川遠在深山密谷中的某條支流。鰻魚在那兒度過成年期的絕大部分，我們追蹤牠，在秋天下河入海，一路遷移到大洋中的孵育場。

其他的魚也在秋天游出海灣和峽灣，但只是去尋找溫暖的水域好度冬。鰻魚卻一直游，游到馬尾藻海附近的深深海溝，在那裡孵育然後死亡。下一代幼魚又從這深海中的奇異世界出發，在次年春天返回海岸河川。

想要瞭解生活海中是怎樣的感覺，必須努力發揮想像力，並且暫時拋棄人類的很多觀念與尺度。例如，以鐘錶或月曆來衡量時間，對於濱鳥或魚類沒有意義。牠們注意的是光陰的交替、潮水的漲落，因為那意味著何時可覓食，何時得捱餓；何時很容易被敵人發現，何時比較安全。我們若不能調整自己的思考方式，便不能感同身受，無法充分領會海洋生活的滋味。

另一方面，我們也別太嚴格區別人類與動物的差異。魚、蝦、櫛水母或鳥都是活潑潑的生命，因此我特意使用一些正式科學寫作不用的詞語，例如我說到一條魚「害怕」牠的敵人，不是因為我以為魚類能感受與人類同樣的「害怕」情緒，而是我認為牠「表現出受到驚嚇的樣子」。對魚來說，這反應主要是表現在身體的動作上，對我們人類卻主要是心理上的。但若

要了解魚的行為，必須以最能表達人類心理狀況的詞語來描述。

為動物取名字，我儘量採用其物種的學名。若是學名太拗口，我就改用形容其外貌或特徵的字眼。有些北極動物我用了愛斯基摩語的名字。

書後附有名詞解釋，介紹少有人知的海洋動物與植物，或加深讀者對較常見物種已有的印象。

一個人活得再長，也不可能親身體驗海洋及其生物的每一個生命階段。為補充自己經驗之不足，我大量採用科學論著及類科普著作中的基礎知識，經過個人的反芻整理，編織進本書的故事之中。資料來源太多，此處無法一一列舉。除了書面資料外，我還受惠於好些人豐富的海洋經驗，若沒有這些先進的關切、鼓勵和協助，這本書不可能寫成。

譯注：

根據維基百科，馬尾藻海 Sargasso Sea 位在北大西洋中部，因海面漂浮大量馬尾藻而得名。馬尾藻海長約三千兩百公里，寬一千一百公里，是世界上唯一沒有海岸線的海，嚴格來說，它只是被幾條主要洋流圍出的一個環流區。墨西哥灣暖流在其西，北大西洋暖流在其北，加那利寒流在其東，北赤道暖流在其南，各洋流都把攜帶的海生植物與垃圾丟棄在此海域，美洲鰻魚和歐洲鰻魚則在此產卵。

1994 年中文初版譯序

尹萍

　　和絕大多數人一樣，我首次知道有一位很會寫文章的女生物學家，叫什麼卡森女士，是因為她寫了一本名字很美，內容卻讓人毛骨悚然的書，告訴我們如果繼續濫用 DDT 之類的殺蟲劑，春天將會變得如何寂靜：沒有蟲鳴也沒有鳥叫。

　　那時候，我還在上小學吧，倒不見得是殺蟲劑的緣故，而是田野上一一起造了樓房，上學的路徑上，不再有被早起的腳踏車碾軋的蛇身；兩根粗竹併排搭成的簡便橋，不知何時不見了；到後來，連那條鴨子游水的小溪也不見；水泥蓋子蓋上，溪岸的竹林變成市街。

　　週遭景物人事的變換，並沒有拿來跟中央日報副刊上日日連載的《寂靜的春天》中譯文連想在一起。我並不特別喜歡那個叫卡森的女人，她說的那些事情多麼可怕！

　　要等到我的孩子長到像我當年那麼大了，我才真正明白事情到底有多麼可怕，也才真的比較能拋開直立人的高度，謙卑地觀察自然、欣賞自然。

　　這中間，三十年過去了。《寂靜的春天》已經成為一個家

海風下

喻戶曉的寓言，台灣的環境悲劇卻還在持續上演。但是，「壯年聽雨客舟中」的我，到了這個年紀，想要大聲說點什麼，總有些意興闌珊。再說，「呼籲」總帶著時興，唯有藝術，模鑄出永恆的價值。

因此出版社決定翻譯出版瑞秋．卡森的另一本著作《海風下》，多少是懷著這樣的心情。卡森憑她的四部作品——《海風下》、《週遭之海》、《在海之濱》和《寂靜的春天》——被譽為美國最偉大的自然作家，其中，《海風下》是第一部，創作時間比《寂靜的春天》早了二十年。她後來的三部作品其實更富盛名，但卡森本人晚年回顧，卻最鍾愛《海風》（卡森常略稱此書為《海風》：Sea Wind）。她寫信給朋友說：「這書是有它的缺點，可以改進，可是那裡面有我寫作第一本書的新鮮活力，那種新鮮，此後我再也不曾充分擁有——我不認為哪個作家能再度擁有。」

她又說：「寫作需要全然的忘我……。我最接近這全然忘我境界的時候，是我寫《海風》的時候。」

偏愛《海風》的人不在少數。文學批評家賈特娜（Carol B. Gartner）便建議初識卡森的讀者「從《海風》讀起」，因為這本書「結合了形式、內容與風格的美，以文學而論，是她最成功的作品」。

文學編輯史貝托斯基（A. C. Spectorsky）形容這部早期著

作比之後來的書「更具個人色彩、更統合圓融,有些人還認為它更細緻、更深思。」

說得最好的,恐怕要推卡森的朋友、本身也是作家的波克(Curtis Bok)。他說:「我素來最喜歡《海風》。它像是一個寧靜而特別的港灣,讓人在裡面儲備精力、休養生息,好再次出海,去探索外洋的奧秘。」

卡森希望引介讀者認識大海與它孕育的生命、體會海中生物的感覺,但又不希望拿科學詞彙嚇跑讀者,她把這書寫得像小說、像散文又像詩,至於專有名詞的解釋,則集中到書後去。翻譯的時候,卻因為中文與英文的差別,有些名詞的中文名字另有其意義,或不易望文生義,於是把比較需要解釋的名詞提前到各章末尾,便於讀者參考;原書書後的專有名詞則完全按照原文,因此部分可能與各章注解重複。謹此說明。

只要還有陽光、有雨水，牠們就能活
——只要風仍在吹拂
海水　仍在翻滾

——史溫朋（Swinburne，英國詩人）

第一部　海的邊緣

第一章　潮汐

　　暮色迅速西移。不過，位在峽灣東面的這島，陰靄之色似乎更沉黯些。島西仄狹的灘岸上，濕沙映照出灰白的天光，延伸至海面，像在這島與地平線之間鋪設了一條光輝大道。水與沙都是鍍了銀的鐵色，海陸的界線遂難以分辨了。

　　是一個很小的島，鷗鳥振翅十幾下便可飛越。但黑夜還是先到達北濱和東緣，那裡有水草堅挺地浸立在海水中，低矮的杉木與冬青鬱鬱蒼蒼。

　　與夜幕同時降臨的，是一隻陌生的鳥。這鳥來自外沙汕的築巢地，兩翼純黑，伸展開來寬過男人的臂長。牠毫不猶豫地穩穩飛越峽灣，那胸有成竹向前推進的模樣，恰似暮色一點一滴深濃下來，昏暗了透亮的海水。這是一隻黑色剪嘴鷗，名叫「靈巧」。

　　快到岸邊時，牠順勢滑落近海，那黑色的身子被灰紙似的水面襯托著，倒像高空有隻看不見的大鳥飛過，留這黑白分明的影子在海上。牠悄然敧近。擊翅的聲音，如果有，也在推送

海風下

貝殼上灘的潮浪聲中掩沒了。

峽灣小島

這是春季的最後一次大潮。薄薄的新月帶來潮水，一遍一遍舔舐岸邊沙丘上的海燕麥。靈巧一族來到峽灣與海間，一片長條形的離岸沙洲上。牠們是從度冬的尤卡坦（Yucatan，墨西哥東南部）海濱，一路北飛而來。到六月，太陽把沙地曬得暖暖的，牠們會在島上或沙洲上產卵，孵出毛色淡黃的幼雛。但現在，經過長程飛行，牠們累了。白天，牠們在潮水退去的沙岸上休息；夜晚，則在峽灣與沼澤的上空迴旋。

月還未圓，靈巧已經把這島摸熟記清了。它躺在南大西洋岸邊平靜的峽灣裡，北面隔一條深海溝與大陸相望，退潮時海水在溝中橫衝直撞。南面是沙灘，坡度平緩，漁人可以涉水在軟沙上拾貝，或拽著長網撈魚，走出半哩（八百公尺）遠，海水才漫過腋下。在這樣的淺水處，仔魚成羣，依水中小生物為生，小蝦拍尾倒游。剪嘴鷗雖在岸上棲息，夜間卻受淺水帶豐富食物的吸引，在水上滑翔取食。

潮水是日落時分退去的，現在重新漲起，淹沒了剪嘴鷗下午棲息的地盤，更沿海口而入，盈滿沼澤。剪嘴鷗大半夜都在覓食，輕振細長的雙翼，尋找隨潮水而來，躲藏在水草間的小

魚。就因為牠們趁潮覓食，人家又管牠們叫「潮鷗」。

在島南的淺灘上，深不及人掌的海水輕撫軟沙的地方，靈巧開始在水面盤旋搜索。牠抱著好奇、輕鬆的心情，兩翼下擊又上升，頭彎得低低的，長而利的下喙像剪刀，隨時可以剪穿海水。

那剪子在峽灣平滑如鏡的水面犛出一道小溝，激起層層波紋，直蕩漾到沙地上，又反擊回來。在淺灘上覓巡覓食的鯑魚和鰶魚，從水波中接獲訊息。在魚的世界裡，很多事情是由波浪或漣漪傳遞的。那輕微的震動，有時是告訴牠們：小蝦、小蟹之類的可食動物正在前方成群游走。因此，剪嘴鷗飛過時，小魚可能就會浮出水面，好奇又饑餓地張望。低空盤旋的靈巧，此時轉身循原路低飛，短小的上喙迅速張合，叼上了三條魚。

啊——啊——啊——啊，這鷗鳥大叫。哈——哈——哈——哈，牠的聲音尖銳又響亮，遠遠地傳送出去。其他的剪嘴鷗從沼澤處與牠應和，回聲似地。

夜間歌唱隊

海水一吋一吋地收復沙灘之時，靈巧便在島南的淺灘上空來來回回，誘引魚兒在牠經過的路線上露面，然後回頭去捕捉。吃飽了，獵足了，牠振翅五六下，便從近水處升高，繞島飛行。

海風下

仰升到島東的沼澤區時，一夥鱂魚望風流竄於水草叢間。其實牠們不用擔心，剪嘴鷗的翅膀太寬，穿不過高茂草叢。

島上只住了一個漁人。飛到他建造的碼頭附近，靈巧向側面斜逸出，飛越海溝，在鹹沼地的高空疾掠而過。牠是在享受飛行與上升的樂趣。在鹽渚區，牠加入剪嘴鷗群一起飛翔，或成直線，或作縱隊。在夜空下，牠們有時像是黑色的影子；有時，當牠們學燕子迴旋，翻露出白色的胸膛和閃亮的腹部，則像是鳥之精靈了。邊飛，牠們邊高鳴，像一支奇異的夜間合唱隊，音符忽而拔高，忽而低沉。溫柔時如鴿子咕咕，尖銳處又似烏鴉聒聒。整支合唱隊忽升忽降，有時提高音量、有時顫音悸動，終於飄颺遠去，在靜止的空氣中，像一隊獵犬，呼號奔跑而去。

潮鷗環島打轉，時而越過中央平地，飛往島南。在漲潮的幾個小時裡，牠們都在峽灣寧靜的水域打夥覓食。剪嘴鷗愛黑沉的夜晚，而今晚，厚雲正遮蔽了月光。

海水上下淺灘，帶動細小貝殼，撞擊出輕柔的叮玲聲。潮水漲高，快速流經石蓴底部，驚起下午潮退時隱身在彼的沙蚤。這些沙灘上的跳高選手，每一陣小浪下灘時都把牠們沖走，下一波浪又帶了牠們回頭。牠們背貼海水漂浮，腳朝天。其實，在水裡，牠們比較安全，因為天敵鬼蟹正以迅捷無聲的步伐，在夜晚的沙灘上徘徊。

沙灘雌龜

　　那晚不止剪嘴鷗，還有許多生物在這島四周的水域出沒、在淺水處覓食。夜愈黑，沼澤草叢間的潮水愈高。兩隻鑽石背紋龜也追隨同類移動的腳步，溜了進來。這是兩隻雌龜，剛剛在高潮線以上產完卵。牠們先是用後腿在軟沙上掘洞，掘出一個甕狀、但沒那麼深的洞，好安置牠們長形的身體；接著，把卵產下。一隻產了五個，另一隻八個。牠們仔細用沙蓋好卵穴，前前後後地爬來爬去，教人弄不清卵穴的確切位置。沙地上不乏別個烏龜的卵穴，但沒有一個超過兩星期：鑽石背紋龜的產卵季節，五月才開始呢。

　　鱂魚逃避靈巧的追逐，遁入沼澤深處。靈巧追著追著，瞥見烏龜在淺灘漫游。那兒，潮水正急速升高。烏龜輕啃水草，撿食爬在草葉上的小蝸牛。有時候牠們潛入水底，嚼吃躲在泥裡的小蟹。有一隻烏龜穿過兩根直插入沙的細長直樁，原來是一隻大藍蒼鷺的雙腿。這孤伶伶的蒼鷺，每晚都從三哩外的群棲地飛來島上捕食。

　　牠不動聲色地站著，脖子向後彎曲，倚住肩膀。若有魚群疾竄過牠的腿邊，牠那長嘴便伺機戳出。產卵的母龜游入深水時，一隻小烏魚受驚，慌張失措地朝灘頭奔去。目光銳利的蒼鷺見了，猛地一刺，那魚便斜夾在牠嘴中了。牠拋魚入空中，

自頭部接住，吞下。這是牠今晚捕得的第一條大魚。

高潮線那兒散落著海上殘物、木棍樹枝、風乾的螃蟹螯爪，
還有貝殼破片。此刻，潮水差不多漲到一半。比高潮線更高，烏
龜新近產卵的地方，沙中有輕微的攪動。本季產下的卵，要到八
月才會孵化；但沙中還藏著許多去年孵化的幼龜，尚未自冬眠的
沉睡中甦醒過來。整個冬季，幼龜就靠胚胎期遺留的一點蛋黃脂
保命，但這年的冬季很長，寒霜滲入沙中，很多幼龜死了，存活
著的也都羸弱疲憊，身體緊縮在殼內，比剛孵化時還瘦小。當成
龜在孵育更新的一代時，幼龜開始在沙中伸手伸腳。

嗜血的野鼠

在烏龜卵坑上方，有成片野草。潮水正漲到一半，草頂忽
然一陣痙攣，像有微風吹過似的，但這晚靜定無風。草叢分開，
一隻野鼠，狡獪又嗜血的模樣，沿著牠用腳爪和粗尾踏成的路
徑，鑽出草叢，往海邊去。這鼠與牠的伴侶，以及其他同類，
住在漁人放置漁網的舊倉庫裡，以鳥蛋和雛鳥為食。

這鼠站在草叢邊緣烏龜產卵區前方，往外眺望時，蒼鷺在
距離僅一箭之地的水中，使勁拍擊了幾下翅膀，越島飛到北岸
去了。牠看見兩個漁人駕一艘小艇，往島的西端駛去。他們藉
著船首一隻電筒的光，用魚叉在淺水中叉比目魚。船前一團黃

光，在黑暗的水域移動，顫動的流光在船過時越過波紋，高高低低地往岸邊傳送。一對綠色光點在沙灘上的草間閃爍，是野鼠的眼睛。光點停滯不動，直等到船繞過南岸，往鎮上碼頭駛去，那鼠才溜出草叢，來到沙地上。

烏龜和剛產下來的龜蛋的氣味，瀰漫在空氣中。那鼠興奮地嗅、吱吱地叫，動手刨土。才幾分鐘，便刨出一枚龜蛋，戳開殼，吸吮蛋汁。牠接著又挖掘出兩個蛋，正待要吃，卻聽到近旁的沼澤水草叢中有什麼動靜——是一隻幼龜掙扎著想避開上漲的海水，牠原來在草根與泥漿糾結處的蝸居，已遭潮水浸漫。一團黑影越過沙地、涉過溪澗，那鼠咬住了幼龜，噙著牠，經草叢，到高處的沙丘。全神貫注於撕開幼龜的背殼之際，牠沒有注意到潮水漲到牠身邊，沙丘下的沙土消失了。沿岸巡狩的藍蒼鷺就在此時悄然掩至，拿尖嘴刺穿了那鼠。

春蟲試演

除了潮聲和鳥鳴，這晚全然寂靜。風沉睡著，海口有碎浪上灘的聲音，但遠方大海的鼓搗則淡成近乎嘆息，是一種有韻律的吐氣聲，彷彿海，也在峽灣的門戶外睡著了。

只有最靈敏的耳朵，才聽得見一隻寄居蟹拖著牠的殼屋，在水線上方沙灘上行走的細碎腳步；也才辨別得出一隻小蝦被

海風下

魚群追趕，匆忙上岸時抖落一身小水珠，在水面跌出的叮咚聲。但在這小島的夜晚，在海與海的邊緣，這些聲音是細微不可得聞的。

　　大陸這邊，也幾無聲息。有輕微的昆蟲顫鳴，作春的試演。要待入夏後，才會有昆蟲小提琴手不眠不休地頌讚著夜。杉樹上有鳥兒睡夢中發出囈語——是寒鴉和嘲鶇，牠們不時自夢中驚醒，昏昏沉沉地互相叫喚幾聲。約莫午夜時，一隻嘲鶇起身鳴唱了近一刻鐘，模倣白天聽過的各種鳥兒的歌聲，添加上牠自己的顫音、吱咯聲和啾啾聲。之後，牠也沉寂下去，把夜交還給海，與海濤。

　　這晚，有大批魚群度過海溝，往大陸來。牠們的肚皮圓鼓、鰭翅柔軟，披覆銀色大鱗片——是準備產卵的鯔魚，剛自大海裡游來岸邊，已在海口的礁石圈外休息了好幾天。趁著今晚漲潮，牠們越過漁人導航用的浮標，通過海口，順著海流度過峽灣。

　　夜更黑了，潮水更逼入沼澤，把河口的水位推得更高。銀色的鯔魚加速游動，尋索鹽分較低的水流往上溯，知道這就是通往河流的道路。河口的水面寬廣、水勢緩慢，在整個峽灣裡，它不過是一個小灣。它的岸邊有零星的鹽沼，即使蜿蜒而上河道深處，潮水的脈動和水味的苦澀，仍然申說著海的意志。

溯河之旅

　　來自遠方的鱒魚，有些剛滿三歲，這是第一次回來產卵。有的已四歲，作第二次河上產卵之旅，對河道較熟悉，知道河上常隱伏著意想不到的危機。

　　較年輕的鱒魚對這河只有模糊的記憶——如果牠精確辨認水的鹹度和河流韻律的本能可以稱為一種「記憶」的話。三年以前，牠們自這條河出發，順流直下河口，那時牠們身量不過人的指頭長，在初秋的寒意中湧身入海，把河流拋諸腦後，在大海裡四散漫游，捕食小蝦與頭足類。牠們的行蹤如此飄忽，存心想追蹤也追蹤不到。也許牠們在深海裡過冬，那兒的水溫比海面高些；也許牠們在大陸邊緣的黯淡星空下棲息，只偶然怯生生地游出陸棚，探頭望一望那幽暗靜默、深不可測的大海。也許到了夏天，牠們會出洋盤桓，捕捉海表豐富的食物，在閃亮的鱗片下積存一層又一層的白肉和脂肪。

　　黃道運行三週天之後，鱒魚才會踏上海天歸路。到第三個年頭，南移的太陽慢慢把海水曬暖的時候，鱒魚便按捺不住體內冒升的本能，奔回出生地去產卵。

　　此刻迴游的魚差不多都是雌性，載負著滿腹的卵，身體沉重。春已深，主魚潮已過，這一批來晚了。最早溯河上游的是雄魚，等在產卵區。早來的魚，有的上溯至一百哩外這河的發

海風下

源地──絲柏密生的黑沼澤。

　　每隻成熟雌魚，逢到產卵季節，都會產下至少十萬枚的卵，其中可能只有一兩條能通過河與海的重重關卡，在往後的某一個產卵季節及時回到此處繁衍後代。唯有經過這樣嚴苛的淘汰，物種才不致失去均衡。

　　夜幕初降時，住在島上的那個漁人便出海去安置刺網。這網，是他與鎮上另一個漁夫共有的。他倆安插的大網，從河口西岸一路攔出到河的中流。本地的漁人根據父祖相傳，都知道鱘魚自峽灣水道要進入河口淺灘時，通常都直衝河的西岸。因此之故，西岸密排著柵網之類的定置漁具，而使用移動式漁具的漁人，就要為僅餘的幾個置網地點你爭我奪。

河口刺網

　　今晚安放刺網的地點，上方就是一個大柵網的前緣，長長的一面導網，木柱固定在河底的軟泥裡。去年，這柵網的主人發現刺網攔截了鱘魚漁源，還跟刺網漁人大打出手。原來刺網安置在柵網的正下方，魚群一來先就碰上了它們。刺網漁人寡不敵眾，後來只好在河口的另一端設網，結果收穫不佳，咒罵柵網漁人不止。今年他們想出一個辦法，在黃昏時設網，破曉前收網。柵網漁人日出時才會去照看漁獲，而那時刺網早已收

回漁船上，沒有證據可以證明他們的魚都是在那兒捕的。

午夜前後，接近滿潮位。軟木浮標線晃動，是第一批迴游的鯡魚觸網了。浮標線激烈震盪，有幾個浮子更沒入水面之下：一條四磅重的鯡魚，懷著滿腹的魚子，一頭扎進網孔，力求脫困。網線穿過牠的鰓蓋，在牠的掙扎下繃得更緊。牠搖擺踢打，極力想掙脫那掐住牠脖子，讓牠炙痛、令牠窒息的什麼東西，那東西像看不見的虎頭鉗，夾住牠，不讓牠上河去產卵，也不許牠返回牠才離開的大海去尋求庇護。

這晚，浮標線震動多次，許多魚觸網，大都因為網線妨礙魚鰓有韻律的呼吸運動，緩緩窒息而死。有一次浮線強烈震盪，被拉下水面達十分鐘之久：是一隻鸕鶿，在水下五呎處急步追趕一條魚，肩膀以上全衝進網內。牠用翅膀和帶蹼的腳拼命掙扎，卻愈纏愈緊，很快就溺死了。牠的屍體軟垂在網上，旁邊排列著鯡魚銀色的身軀，頭全朝著上游的方向———在那兒，牠們的產卵地，早到的鯡魚正等候牠們的到來。

鰻族的大餐

有五六條鯡魚身陷網中的時候，住在河口的鰻魚便得知一頓大餐正等著牠們去享用。打從黃昏時起，牠們便沿著河岸彎彎曲曲地滑溜著身子，往蟹洞裡嗅探，遇上什麼水中小生物便

一口吃掉。雖然自己會捕食，但只要有機會，牠們也搶奪漁人刺網上的獵物。

河口的鰻魚，幾無例外全是雄性。幼鰻出生於大海，回返溪河時，雌鰻遠溯上游，雄鰻卻停留在河口，等到牠們的新娘長成光溜肥厚的身體，會下河來，與牠們一同前赴大海。

鰻魚把頭伸出在鹽沼草根處的洞穴，身軀前搖後擺，急切地嗅聞吸入口中的水味。牠們已經敏銳地嘗出水中有魚血味，是網上之魚掙扎求脫時滲出的。一個接一個，牠們溜出自己的洞穴，循血氣來到網前。

鰻族這晚國王似地飽餐一頓。掛在網上的大都是待產的鯡魚，鰻以尖牙利齒刺入其腹，把卵吃光。有時牠們也把魚肉吃掉，只留袋子似的魚皮在網上，袋中可能還藏著一兩條鰻。這掠食者沒本事在河中獵得活鯡，要想吃上這麼一頓美味，唯一的機會就是向漁人的網行搶。

夜沉沉，潮漸退，力爭上游的鯡魚少了，刺網抓不到更多的魚。有少數的鯡在潮將退未退時掛上了網，一陣回潮把未被扣緊的牠們沖下來。內中又有些逃過這一劫逃不過下一劫：牠們被柵網的導網引導，順著那孔洞甚小的網牆，誤入魚梁深處，成為漁人的囊中之物。其餘的，則溯河而上好幾哩，在那兒休養生息，靜待下一次漲潮。

漁人靴聲

小島北岸碼頭邊的標竿，顯示潮水已退了兩吋時，漁人提著燈籠和一對槳來了。若有所待的夜晚，被他踏在碼頭上的橐橐靴聲劃破了寂靜。木槳喀的扣入槳架。水聲濺濺，他划入海溝，往鎮上碼頭接他的合夥人去了。小島回復寧靜與等待。

東方雖不見有光，水與天的黯沉卻明顯地緩解了，彷彿存餘的夜色不再那麼堅實，不像子夜時那般黑得滴水不漏。清爽的空氣自東方越峽灣而來，拂過消退的海水，沙灘上遂濺起小小的浪花。

剪嘴鷗已離開峽灣，經由海口，回到岸外沙洲。只有靈巧流連不去。牠在島上空打轉，彷彿永不厭倦。又對沼澤作各種俯衝攻擊，或北飛到掛著鱘魚網的河口去。當牠再度越過海溝，上赴河口時，天已微亮，看得見兩個漁人努力把船划到刺網的浮標線旁。白霧從水上飄過來，包捲住兩個漁人，他們站在船上，使勁拉扯網尾的定柱。拉起來了，帶上一團鼇草，掉落在船裡。

靈巧往上游飛了一哩左右。先是貼近水面飛，然後轉身在鹽渚上空轉大圈，再飛回河口。一股強烈的魚腥味和水草味透過晨霧向牠襲來，兩個漁人的聲音也自水面清晰逼近。他們一邊收網一邊咒罵，先取下魚，再把滴水的網疊好放在小舟底。

靈巧振翅五六下，飛離小船時，一個漁人忽然用力往身後

丟擲什麼東西——是一個魚頭，連著粗白繩似的魚骨頭，本是好好一條待產鯆魚，經鰻魚打劫後就剩這個。

靈巧再次飛越河口時，看見漁人乘退潮而下，船裡疊好的網下面，只蓋著五六條鯆魚。其他的，全被鰻魚開腸破肚，或吃得只剩骨頭了。鷗群已集合在刺網原來的位置，尖聲歡叫，接手漁人丟棄不要的魚屍。

潮退得快，通過海溝，奔回大海。陽光穿透東方的雲層，倏然照遍峽灣時，靈巧轉身隨疾退的潮水，往大海去了。

附注：

剪嘴鷗：skimmer，或稱剪嘴鴴、長翼鷗，嘴如刀片。「靈巧」（Rynchops）是黑色剪嘴鷗的學名。

鯆魚：blenny，住在海帶叢與石隙間的小魚，身體長長的，有一點像鰻，背鰭幾乎布滿全背。

鬼蟹：ghost crab，一種大蟹。與沙灘同色，不注意根本看不到。機警而行動迅速。不怕入水，但穴洞在潮線以上，洞深約三呎。

沙蚤：sand flea。這種小甲殼類是沙灘上不可缺少的清道夫，長不逾半吋。

寒鴉：jackdaw，或稱穴烏。

嘲鶇：mockingbird，或稱模倣鳥，是善模倣的鳴禽。

鸊鷉：grebe，在水上游時像鴨，但受驚時會潛入水中而不會飛走。可以潛游很遠，一不留神就掛上漁網。通常生活在湖、池、灣畔，偶亦遠飛入海達五十哩。

第二章　春日翱翔

大群鯡魚通過峽灣、上溯河口的那晚，鳥群也正大舉向峽灣的灘岸遷徙。

天將破曉，潮水退了一半。兩隻小三趾鷸在離岸沙洲靠大洋的灘上，傍著黯黑的水奔跑，那退卻的波浪邊緣籠罩著薄霧。這是兩隻模樣齊整的小鳥，一身鏽色與灰色的羽飾，閃亮的黑腳踩在堅硬的沙地上，海水在牠們身邊捲起泡沫，像薊草的冠毛搖擺飄動。牠們和岸邊幾百隻濱鳥，都是昨夜自南方飛來的。天未亮時，候鳥們在大型沙丘的背風處歇息；現在，漸明的天光和消退的海水吸引牠們來到海濱。

三趾鷸北返

兩隻三趾鷸忙著戳刺濕沙，搜尋小甲殼類。獵食的興奮，讓牠們渾忘頭一晚長程飛行的辛勞，也暫時忘卻若干時日後必須抵達的那個遙遠地方——那是一片廣大的苔原凍土，有雪水灌注成的湖泊，還有子夜的太陽。這群候鳥的領袖黑腳兄，第

海風下

四次作這打南美南端到北極孵育區的壯旅。在短促的一生裡，他旅行了六萬哩以上，追逐太陽，南北奔馳，一春一秋便飛上八千哩。跟在他身邊的小三趾鷸是一歲仔銀條，她是第一次返回北極，九個月前離開時，羽毛才剛長齊呢。和其他年長些的三趾鷸一樣，銀條已經換下了珍珠灰的冬羽，改披黃褐與鐵銹色大斑點的大氅。所有北返的三趾鷸都穿這兩個顏色。

沙蟲，也就是喜帕蟹，洞穴布滿沙灘，弄得蜂窩也似，黑腳兄和銀條就在波浪邊緣搜索牠們。潮間帶有多種食物，牠們卻最偏愛這卵形小蟹。每一個浪頭退去時，濕沙上便冒起泡泡，是蟹洞排出的空氣。三趾鷸只要動作夠快、夠準，可以在下一波浪翻滾襲來之前，把牠的尖嘴插進洞口，夾出螃蟹。沖刷力強的浪也常沖毀洞穴，翻露出小蟹在水溶的沙地上對空踢腳。三趾鷸就常趁小蟹還搞不清楚狀況的時候一口攫住牠，不讓牠有機會拼命再鑽回沙裡去。

波浪將返之際，銀條看見兩個閃亮的氣泡推開沙粒冒升，知道底下有一隻螃蟹。雖然注視著氣泡，她明亮的眼睛也瞥見一波新浪正在形成。她一邊顛顛躓躓往灘頭跑，一邊估算著浪頭升高的速度。移動的水有深沉的低音，而當浪頭開始分裂時，低音之上又發出輕嘶聲，也傳入她耳際。就在這一刻，螃蟹的觸毛在沙上露出。銀條在綠色水山似的浪頭下疾奔，張開的嘴往濕沙上猛刺，拖出了那隻蟹。水還沒有浸到她的腿，她已經

轉身，往高處跑了。

　　陽光仍低垂在水面，其他的三趾鷸已紛紛加入黑腳兄和銀條的行列，沙灘上一下子便布滿了小型濱鳥。

鳥的戰爭

　　一隻燕鷗沿波浪邊緣飛來，頂戴黑羽的頭下彎，兩眼留意著水中魚的活動。牠也密切注視三趾鷸，因為小型濱鳥受到驚嚇可能會放棄到口的獵物。看見黑腳兄跟在一波退去的浪頭後面疾奔，叼出一隻螃蟹，那燕鷗兇惡地搧翅俯衝，口中發出尖銳刺耳的威嚇之聲。

　　踢──呀──呀！踢──呀──呀！燕鷗大叫。

　　牠的白翅比三趾鷸的大一倍；全心全意防範水波、防範口中大蟹逃走的黑腳兄，被這突襲嚇了一跳。他彈飛而起，在湧浪上方盤旋，發出「嘰！嘰！」的尖叫聲。燕鷗在他身後緊追不捨，叫得更響。

　　若論在空中衝刺打旋的能耐，黑腳兄決不輸給燕鷗。兩鳥時而疾飛、時而扭身、時而迴旋，一起直衝上天，又同時陡落浪間凹處，甚至飛越外緣礁石，沙灘上的鷸群一時都聽不到牠們的呼聲了。

海風下

那燕鷗緊急攀升，繼續追趕黑腳兒，卻瞥見下方的水中有什麼銀色的東西一閃。牠低下頭去確定一下這新餌食的地點，就看見綠水濺起銀波，是陽光照在一隊銀邊魚身上的反光。牠立刻偏斜翅膀，小飛機似地衝落海水。雖然身體實重不過幾兩，牠落下之勢卻像一塊石頭，劈開海水、激起浪花，一兩秒間，便啣魚而出。這時候，被燕鷗遺忘的黑腳兒已飛返岸邊，在鷸群間降落，奔跑戳探如故。

「船灘」海岬

潮水剝極而復，大海施加的壓力又增強了。浪來時，起伏大些、沖刷重些，像是在警告三趾鷸，海濱覓食不安全了。翬鷸齊飛出海，白翅展開如帶，昭示牠們與其他鷸類的不同。牠們飛越浪峰，朝外移動，這便來到陸地尖端，名叫「船灘」的海岬。多年以前，海水就是從這裡突破岸外沙洲的環抱，湧進內陸，形成峽灣的。

此時，從南面海濱到北端峽灣，海口沙灘一片平坦。寬廣平直的沙地是鷸和鴴等濱鳥偏愛的棲息之所，但在海中捕食的燕鷗、剪嘴鷗和海鷗，也愛聚集在沙岸上休息。

這個早晨，海口沙灘上擠滿了鳥兒，打著盹兒等待潮漲後再去捕食，為北飛的行程儲備體力。五月天，濱鳥的春季大遷

徙正到了最高潮。水鳥則早幾個星期已經走了。自從最後一批雪雁如空中絮雲般向北高飛之後，今春已漲過兩次大潮、兩次小潮。秋沙鴨二月就走了，去尋訪北方初初破冰的湖泊。緊跟著，帆布背潛鴨也離開河口的野芹田，追隨冬天撤退到北方。於是，喜食鰻草、曾經黑壓壓蓋滿峽灣淺水區的黑雁，行動迅速的藍翼水鴨，以及愛鳴叫的天鵝，紛紛都走了。那陣子，滿天盡是牠們呢呢噥噥的鴨聲雁語。

接著是鴴鳥在沙丘上唱起驪歌，麻鷸也在鹽沼間流水般吹著口哨。牠們成羣結隊橫過夜晚的天空，像片片烏雲；牠們的鳴囀輕柔，下方沉睡的漁村僅依稀可聞。就這樣，濱鳥與澤禽循祖先慣走的空中路線，向北推進，尋找牠們築巢的地方。

鬼蟹夜襲

濱鳥在海口灘頭睡著的時候，沙地便成了別種獵者的天下。一隻鬼蟹，等最後一隻鳥也靜下來睡了，才從牠在高潮線上端，鬆軟白沙下築的洞穴內爬出來。牠以八隻腳的腳尖著地，迅快奔過灘頭，在夜來潮水帶上的一堆海中雜物前停了下來。站在鷸群邊緣的銀條，距牠才十幾步遠。這蟹是淺黃褐色的，與沙色極近，站立不動時幾乎看不出牠來，只有那兩顆黑鈕子似的眼睛，標示了牠的存在。銀條看見那蟹鬼鬼祟祟地躲在海燕麥

斷株、沙灘草葉以及石蓴斷片等雜物的後面，等著某個沙蚤自動輕率現身。鬼蟹都知道，潮退後，沙蚤藏身海草叢中，撿食海草上魚蝦腐屍的碎片。

潮水復生，漲不到手掌寬，一隻沙蚤自石蓴的綠葉下蹦出，敏捷地彈腿越過一株倒下的海燕麥，這水草於牠猶如一棵大松樹。鬼蟹貓似的躍出，能粉碎一切的大螯捏住那蚤，吞下了牠。以後的一小時裡，牠悄沒聲息地從一個獵食點移到另一個，攫食了許多沙蚤。

一小時後，風向變了，自海上斜吹過海口水道。鳥兒一一調轉方位，朝向著風。牠們看見海岬那邊有一群幾百隻燕鷗在浪頭上打魚。一隊銀色小魚正繞過海岬往大海去，天空中遂滿布了向海俯衝的、搧動的白翅。

在熱烈攻擊的空檔中，「船灘」上的鳥兒聽到黑腹鴴自高空匆忙飛過的拍翅聲，也兩度看見半蹼鷸排成長列北飛。

池沼白鷺

正午時分，白翅翔過沙丘，一隻雪白的鷺在沙丘後面的池沼邊放下牠黑色的長腿。這池沼夾在沙丘東端與海口沙灘之間，一面圍著潮渚。多年以前池子原比較大，有時烏魚能從海中游

入池，因此得名叫「烏魚池」。這小白鷺每天都來此搜尋在淺灘亂竄的鰕魚、鰷魚等。有時牠會找到大型魚的幼魚，是每月一次的大潮衝過面洋的沙灘，帶進來的。

日正當中，池塘靜眠無聲。相對於池中水草的綠，這鷺是踩著細黑高蹺的一團雪白，看起來既劍拔弩張，又紋絲不動。一片漣漪、甚至漣漪的影子，都不能打牠眼下溜過。但接著，八條灰白的鰷魚成一直列，游出池底泥漿，後面尾隨著八條黑色的影子。

脖子蛇似的一扭，鷺鳥猛刺出去，卻沒擊中蕭然前進的這一行小魚的領隊。鰷魚一陣慌亂，四散奔逃，清澈的池水被鷺鳥的腳攪成混泥。鷺鳥左擲右射，興奮得又是蹦跳又是拍翅，到頭來卻只抓到一條鰷魚。

一艘小艇的底部在海岬附近，靠峽灣這面的沙灘上摩擦出聲。這時，鷺鳥已獵食一小時，三趾鷸、草鷸和鴴鳥也睡了三小時了。兩個人跳進水中，準備在淺灘上拉起一面刺網，等待潮漲。白鷺抬頭傾聽。越過向峽灣那面的池邊海燕麥叢，牠看見一個人沿著沙灘，往海口來。牠起了戒心，用力一蹬泥漿，拍翅而起，越過沙丘，往一哩外鷺鳥群棲的杉樹林飛去了。有些濱鳥則抖抖索索，穿過沙灘望海而逃。燕鷗已經鬧哄哄亂飛上天，像幾百張紙片拋入風中。三趾鷸也起飛了，飛越岬角，整齊劃一地盤旋迴轉如一隻鳥，最後降落在一哩外的大洋邊上。

海風下

仍在獵食沙蚤的鬼蟹，也注意到滿天喧鬧的飛鳥和遍地雜亂的鳥影。這時牠已離穴甚遠。看到漁人走上沙灘，牠跌撞入浪，覺得靠海遮蔽比飛上天要來得穩當。不幸一條大海鱸正在附近潛行。一眨眼，便咬住這蟹，吃了牠。這天下午，海鱸又遭鯊魚之吻，殘軀經潮水拋擲上岸，灘頭清潔工沙蚤一擁而上，飽啖一餐。

麻鷸尋棲

星光初露時，三趾鷸已在船灘岬角靜棲下來。牠們聽見空氣中傳來振羽搧翅的嘈嘈聲。是麻鷸，自鹽渚飛來海口灘地，尋一棲處。銀條湊近她的親族，因為那麼多大鳥在近旁唧啾晃動，讓她不安。麻鷸怕不有幾千隻吧，在天黑後一小時內成長 V 隊形飛來，密密麻麻的。這種嘴似鐮刀的大型棕色鳥，每年北返途中都要在泥灘與沼地勾留，食招潮蟹進補。

在投石距離之外，幾隻大不過男人拇指甲的螃蟹正橫越沙灘。牠們的足聲很像是風吹沙粒的滾動聲，因此就連睡在三趾鷸群最外緣的銀條也沒有聽到。牠們涉入淺灘，讓涼冷的水洗滌身體。沼澤裡布滿麻鷸，害招潮蟹擔驚受怕了一整天，每當鳥影沉落在沼中，或見麻鷸沿池走動，都嚇得小蟹逃竄似牛羣潰散。這樣的事，每小時發生好多次。還有那幾百隻腳踩在沙地上，弄得大地像緊繃的紙沙沙抖響。只要有洞可鑽，小蟹都

盡力鑽進去了。可是長而曲折的沙下甬道並不是好的庇護所，麻鷸彎曲的尖嘴總能深入刺探牠們。

現在，在星光掩護下，招潮蟹群移到水線附近，在退潮遺下的枯枝殘葉間搜求食物。牠們匙狀的小爪在沙粒間忙忙碌碌，細尋藻類微渺的細胞。

涉足水中的蟹是雌性，腹內攜了圍裙似的一大片卵。便因這沉重的負擔，牠們跑起來東倒西歪，敵人追趕時也不易逃脫，因此白天全躲在深深的洞穴裡。現在牠們在水裡前搖後擺，想把一身的重擔卸下。這是本能，貼附在媽媽腹內，紫色迷你葡萄似的蟹卵要出來面世。其實產卵的季節才剛開始，但有些招潮蟹肚子裡的卵塊已然變灰，表示新生命準備誕生。對這些蟹媽媽而言，晚間的沐浴儀式就是孵化的機會。牠們的身體每動一下，便有許多卵殼裂開，蟹嬰隨即雲霧般散入海水。在峽彎寂靜的淺灘啃嚼藻類的鰽魚，幾乎全未注意到身邊正漂過大隊大隊的新生命，因為剛剛掙脫卵殼而出的蟹嬰，小得穿得過針眼。

續退的潮把蟹嬰羣帶走，沖出海口。當明晨的第一絲天光穿透海水，牠們會發現置身於開闊大海的陌生世界，四週陷阱重重，全賴天生的自衛本能保命。許多蟹終究沒保住命，其他的，經過幾星期驚濤駭浪的奮鬥，會到達遠方的某個海岸，那兒的潮水帶來豐富的食物，沼澤水草為招潮蟹提供家與庇護所。

海風下

滿月的夜晚

月亮掛在海口上空，水面上映出一條白色的大道。黑剪嘴鷗高叫著追逐嬉戲，這夜遂囂鬧異常了。三趾鷸在南美就見慣了剪嘴鷗，因為牠們度冬的地點有時南至委內瑞拉和哥倫比亞。比起三趾鷸來，剪嘴鷗可算是熱帶鳥類，對冰天雪地的銀色世界一無所知；而那個世界，正是三趾鷸等濱鳥要去的地方。

夜空中不時傳來哈德遜麻鷸的叫喚，此時是牠們北遷的高潮。灘頭的麻鷸睡夢中受到驚擾，有時回以悲切的嘯聲。

是月圓之夜。春潮大漲，水推入沼澤深處，拍擊漁人碼頭上的木板，揪緊小船的錨繩。

海水在柔美的月色下泛著銀光，許多魷魚受光的吸引，心醉神搖地浮出表面，面向月光，在海上載浮載沉。牠們輕輕吸水吐水，凝視著月光後退，那麼專注，竟不知自己已漂入危險的灘頭，直待沙粒磨身，才驚覺過來。倒楣的魷魚受困淺灘，拼命噴水，只把自己推進更淺、水退只餘沙之處。

早晨，三趾鷸一見天光便往退潮線覓食，發現海口灘頭散布著魷魚的屍體。不過三趾鷸並不多作逗留，因為許多大型鳥一大清早已經聚集在此，爭奪魷魚不休了。那是緋鷗，剛從墨西哥灣岸來，要往新斯科舍（Nova Scotia，在加拿大東端）去，刮風下雨，行程耽擱久了，此刻餓得慌。又是十幾隻黑頭笑鷗

來臨，在灘上翱翔，咪嗚咪嗚地叫，吊著兩隻腳，好像打算降落，但鰣鷗厲叫啄擊，硬撞走了牠們。

春潮大漲

中午時，隨著潮水上漲，海上吹起了強風，趕著烏雲在前面跑。沼澤水草齊齊折了腰，葉尖點到上漲的海水。漲到四分之一後，水已很深了，峽灣內鷗鳥最愛棲居的各個沙洲都被風勢助長的春潮淹沒了。

三趾鷸和其他濱鳥群都擠在沙丘向陸處避風，那裡有草叢可庇護。打這臨時天堂，牠們看見那群鮮鷗灰雲似的掠過鮮碧的沼澤。牠們不斷變換隊形和方向，領隊的鷗遲疑著要不要選擇此處為棲地，落後的鷗則趁機趕上。牠們降下來了，在一片沙洲上，可沙洲已縮小到只有早晨的十分之一，而潮還在往上漲。牠們又起飛，在水深及鷗頸的貝殼礁上空盤旋、鼓翼、尖叫。最後，整隊終於轉向，迎面飛回風中，停憩在沙丘後面，三趾鷸群的近旁。

浪大不能獵食，所有候鳥都靜靜守候。堤防似的海岬外，狂風巨浪已興。靠大洋的灘邊，兩隻小鳥被風吹昏了頭，在沙地上蹣跚而行，跌倒，又爬起。陸地對牠們是陌生的領域，除了每年往南極海育雛時在一些小島上短暫停留外，牠們的世界

海風下

就是天空與翻騰的海水。牠們是海燕，暴風把牠們從幾哩外的大海上吹來。下午，也有一隻細翼鷹嘴的深褐色鳥在沙丘之上奮力前進，飛越峽灣而去。三趾鷸黑腳兄和許多濱鳥惶恐地蹲伏，認得牠是獵鷗，是濱鳥自古以來的天敵，在北方孵育地常遇的劫難。牠和海燕一樣，是被狂風自大海上吹來的。

向北進發

日落之前，天青風減。趁著天還亮，三趾鷸離開外沙洲，往峽灣去。從海口上空往下看，峽道像深綠色絲帶般蜿蜒內伸，曲折處儘多清淺沙灘。牠們順著水道，在兩列紅色浮標之間飛翔，越過急潮湧浪的貝殼礁，終於來到島上。沙地上已經棲息著幾百隻白臀草鷸、小草鷸和環頸鴴。

潮在退，三趾鷸在島灘覓食。但到傍晚，黑剪嘴鷗靈巧降臨時，三趾鷸已睡下了。在牠們的眠夢中，在地球由黑暗向光明旋轉的這段時間，各種鳥兒自海岸邊的捕食處匆忙上路，沿著航道往北。暴風雨過了，氣流恢復正常，西南風清爽穩定。麻鷸、鴴、細嘴濱鷸、草鷸、翻石鷸還有黃腳鷸等鳥兒徹夜叫喚，聲音自空中傳送下來；住在島上的嘲鶇側耳傾聽。明天，牠們會把新學來的音調加進自己的歌曲中，吱吱咯咯地唱來取悅配偶、娛樂自己。

黎明前約一小時，三趾鷸在島灘上集合了。潮水正輕柔地

一改再改貝殼的排列陣式，這棕色斑點的小小隊伍向黑暗的天空起飛，島在身下愈來愈小。牠們向北進發。

附注：

三趾鷸：sanderling，或稱三趾濱鷸。常見於海岸，遷移路程最遠，築巢於北極圈內，卻到南美巴塔哥尼亞去度冬。

沙蟲：sand bug，潮間帶常見的甲蟲，背殼橢圓，是寄居蟹的遠親，學名Hippa talpoida，故又稱喜帕蟹。

半蹼鷸：dowitcher，中型長喙的濱鳥，在泥灘和沙洲上結羣，成密集隊形飛行。

招潮蟹：fiddler crab，大螯高舉似在招喚潮水，又似演奏小提琴，故而得了這樣的中文名字和英文名字。其實有提琴般大螯的僅是其中的雄性，大螯特化是作防衛與攻擊之用，但卻不利取食。面對有兩臂可以取食的雌蟹，牠在爭奪食物上吃了大虧。

鴴：plover，濱鳥的一種，但通常在沙灘較高處覓食。最常見的種類是環頸鴴和雙領鴴。

銀邊魚：silverside，細長的小魚，體側有銀色條紋。鹹水或淡水中都常見牠們成羣游過沙岸。

翻石鷸：turnstone，見過翻石鷸的人，一定不會忘記牠，因為牠黑、白、紅褐的羽色，襯著海岸，太漂亮了。習慣用短喙翻動石頭、貝殼、海草等物以尋覓食物，故得此名。更因羽色美麗，又叫「印花布鳥」（calico bird）。或稱剪嘴鴴、長翼鷗，嘴如刀片。

海風下

第三章　集結在北極

　　三趾鷸抵達不毛凍土的邊緣，一個跳水海豚形狀的海灣濱岸。冬天仍盤據此荒寒北地。濱岸候鳥中，牠們算是最早到的。厚雪覆蓋山頭、飄落溪谷。海灣尚未破冰，岸邊的冰更堆疊成綠色鋸齒狀，隨著潮水移動、拉扯、呻吟。

　　但陽光照耀的白晝漸長，南坡的雪開始融化，山脊上的雪也被風吹薄，透露出黃土與銀灰色的馴鹿蘚。尖蹄的北美馴鹿不須刨開雪便可嚼食了。正午時，白梟群飛過苔原，在岩石間許多雪化成的小塘上映照出自己的身影，但到下午三點左右，澄明如鏡的池水罩上了嚴霜。

　　銹紅羽色已出現在柳松雞的頸部，狐與鼬鼠的白外衣上也摻雜了棕毛。雪鵐四處跳躍，數量愈來愈多。柳樹生芽，陽光映照出春色的初醒。

　　候鳥，暖陽與綠浪的愛戴者，找不到東西可吃。幾棵矮小的柳樹下有冰河積石，遮擋了西北風，三趾鷸瑟縮在那兒，吃些虎目草的嫩芽維生，靜待冰消雪化，露出北極之春為動物孕

育出的豐富食糧。

可是冬天還不肯走。三趾鷸返回北極區才兩天，天氣回寒。太陽在氤氳的空氣裡軟弱地放著光，雲層加厚，在凍原與太陽之間滾動。中午便密雲欲雪。風自大海吹來，掃過冰山，帶來冰冷的空氣，移動間化為霧靄，在比空氣暖些的苔原上渦轉。

旅鼠穴室

昨天還和好些同伴在岩石上曬暖陽的旅鼠伍文嘉，現在躲進地洞，躲進彎曲的隧道和鋪墊著草的穴室裡去。就算是深冬，旅鼠鱒在穴室裡也夠暖。天快黑了，一隻白狐站定在旅鼠穴上面，前爪舉起。寂靜中，牠靈敏的耳朵聽到底下甬道內有小腳走動的聲音。春天裡，這狐多次刨開雪，挖掘穴道，逮著旅鼠吃到飽。現在，牠一面尖嗥，一面往雪中刨了幾下。牠不餓，一小時前才捕食了一隻在柳樹叢裡啄食嫩枝的松雞。所以此刻牠只是聽著，也許想確定這旅鼠殖民地，自牠上次造訪以來並未遭鼬鼠襲擊吧。接著牠轉身，悄沒聲息地沿多少狐狸踏成的路徑退走，對窩在積石背風處的三趾鷸瞧也不瞧上一眼，翻過土坡，往遠處山脊上，三十隻小白狐的穴居奔去。

那天傍晚，密雲之後的太陽想必是已經沉落在地平線下了，第一場雪降下。風隨之起，挾冰水似的雪呼嘯而過苔原，穿透

最厚的羽、最暖的毛。海風鳴然襲來，濃霧便飄過荒原，先行遁走；但帶雪的雲，比霧更濃、更白。

銀條，那年輕的母三趾鷸，不記得自己見過雪。將近十個月前，她還很稚弱時，便追隨太陽，離開北極往南飛，飛到太陽運行的軌道最遠處，飛到阿根廷的草原、巴塔哥尼亞的海岸。在她的有生之日，所見差不多盡是陽光、寬廣的白色沙灘和綠波蕩漾的大草原。現在，蜷臥在矮小的柳樹下，雖然快跑二十步便到得了黑腳兄身旁，隔著翻飛的密雪，她卻看不見他。三趾鷸全面向風雪而臥，因為不管在那裡，濱鳥總迎著風。牠們互相靠緊，羽翼相連，用體溫保護柔軟的腳不凍僵。

若不是這晚和次日的雪下得這麼緊，損失的生命不會這麼多。整夜，大雪一寸一寸填滿了溪谷，山脊邊積得更深。從浮冰點點的海濱望過來，一直到南邊的樹林邊緣，多少哩地的凍原像給一點一滴地填平了。山巒不那麼起伏、峽谷不那麼深邃，一個陌生的世界，白茫茫平坦坦的世界，出現了。第二天日暮，北天泛著紫色微光時，雪勢弱了。夜裡狂風呼號，此外別無聲響，因為沒有哪個野物敢逞強出頭。

未孵出的雪鴞

大雪奪去許多生命。兩隻雪鴞在切割過山壁的溪谷中築巢，

離蔽護三趾鷸的柳林不遠。雌梟孵育六枚蛋已一個多星期了。大風雪的第一晚，積雪就堆到她身邊，在她四周圍起牆，獨留她坐臥之處凹下像溪床上的壺洞。雌梟徹夜堅守巢中，用她羽毛遮覆的胖大身軀暖蛋。到早上，雪已經侵襲她披羽的腳爪、沿著她的身體往上攀爬。寒意透過羽毛，凍得她瑟瑟發抖。中午時，雪花仍似棉絮飛舞，雌梟僅餘頭頸沒被雪覆蓋。那天，有一個雪花般潔白無聲的大東西數度翩臨，在巢的上方彳亍，那是雄梟歐克比；他以低沉的喉音呼喚妻子。兩腳麻木、羽翼上沉沉壓著雪的雌梟站起來，抖抖羽毛，花了好幾分鐘才將雪抖淨，半爬半飛地鑽出白色高牆圍繞的窩。歐克比咯咯叫喚，好像他帶了旅鼠或小松雞回巢似的，但其實自風雪來襲，這公母二鳥都沒得吃。雌梟想飛起來，但她沉重的身軀僵硬了，在風雪中笨拙地搖擺。過了好久，血液循環恢復了，她終於飛升，兩梟比翼越過三趾鷸縮身之處，往凍原以南去了。

雪繼續落在猶有餘溫的梟蛋上，夜晚的嚴寒攫緊它們，小小胚胎內的生命之火弱了。攜蛋黃養分入胚胎的血管內，暗紅血流減緩了。最後，原本劇烈活動，忙著製造雪梟骨頭、肌肉、肌腱的細胞停止生長、停止分裂；那顆大腦袋下，悸動著的紅色胞囊遲疑了，不規律地跳動幾下，終於靜止。六隻未出生的小雪梟死了，而這麼一來，千百隻等待著出生的旅鼠、松雞、北極兔什麼的，或許就有比較大的存活機會，免遭有羽毛的敵

海風下

人自空中來襲。

溪谷較高處，幾隻柳松雞埋在雪中。牠們在大風雪的那晚飛越山脊，一頭鑽進柔軟的雪堆，打算在那兒過夜。雪地上沒有留下牠們鑲羽毛的雪鞋印，狐狸因此無從循線找到牠們。這本是弱者對抗強者的求生之道，不過今晚大可不必操心這個：大雪抹去了所有的蹤跡，再精明的敵人也尋不到線索。雪花飄落，雖然緩慢，卻把沉睡的松雞深深埋藏，牠們想脫身而出也難了。

五隻三趾鷸凍死了。幾十隻雪鵐想降落在堅硬的雪地上，衰弱的身體卻站不住，紛紛跌倒。

雪封北極

暴風雪停息後，饑餓問題立刻浮現在廣闊凍原上。柳樹，松雞的糧食，大部分埋進了雪中；去年枯黃的野草，本來會釋出種籽供雪鵐和長距雀啄食，現在卻包裹著亮晶晶的冰鞘；狐和梟的食物旅鼠，在隧道裡安居不出；靠貝類、昆蟲及其他水邊生物為食的濱鳥，在雪封的寂靜世界裡完全無物可食。這北極之春短促而灰濛的夜間，多少披著皮毛的、長著羽毛的獵手都出動了，可是夜漏盡時，牠們仍在雪上踱步、拍翅：夜來的狩獵沒能填飽肚皮。

雪鴞歐克比也在其中。每年冬天最冷的幾個月份，歐克比是在凍原南方幾百哩處度過的。那兒比較容易找到他最愛的食物：灰色小旅鼠。大風雪期間他翔過凍原，沿著山脊俯瞰海洋，什麼活物也沒見著；可是今天，好多小東西在凍原上活動。

小溪東岸，一夥松雞尋到露出積雪的幾枝柳樹芽了。這枝枒本來長得如馴鹿的叉角高，積雪卻讓松雞得以輕易搆著最頂上的柳枝。牠們啄食嫩枝，享受春之美食。牠們還穿著冬天的白羽，只有一兩隻雄雞展露幾片褐羽，預示著夏天與交配季節已經不遠。著冬羽的松雞在雪地上覓食，只有黑喙和轉動的眼珠不與大地同色；牠飛起來時，尾部的下層羽色才會露出。狐與鴞，牠自古以來的天敵，距離稍遠也看不出牠。不過，狐與鴞同樣穿著北極保護色，同樣不易被松雞認出。

歐克比沿著溪谷北飛，看見柳樹叢中有閃亮的黑色小珠在移動，那是松雞的眼睛。飛近些，他白色的身軀與灰濛濛的天空混為一體；他白色的獵物在雪地上行走，渾不知大難當頭。一陣輕微的搧翅聲，羽毛散落，雪地上一灘紅色濺開，紅得像剛生下來、殼上色素未乾的松雞蛋。歐克比兩爪提著松雞，飛越山脊上了高地，那兒有他的瞭望哨，妻子在那兒等候。兩隻鴞群尖嘴撕開猶溫的雞肉，連骨帶毛全吞了下去。鴞的習性如此。過後，不能消化的東西會結成小丸子，一顆一顆吐出來。

海風下

光禿的泥灘地

　　肚子餓得慌，這是銀條從來沒有的經驗。一星期前，同伴們還一起在哈德遜灣寬廣的潮間灘地飽食了一頓貝類；再早，牠們也曾在新英格蘭海岸猛啄沙蚤，在南方的陽光海灘大啖喜帕蟹。自巴塔哥尼亞啟程向北，一路八千哩行程，從來不缺食物。

　　年長些的三趾鷸則逆來順受，耐心等待。退潮了，牠們領著銀條等一歲仔來到結冰的海邊。灘頭亂堆著冰塊和冰片，但破裂的冰山則讓潮水帶走了，留下一片光禿的泥灘地。已經有幾百隻濱鳥集合在那裡，都是跋涉千里、逃過風雪劫難的早到候鳥。牠們擠得密密麻麻，三趾鷸簡直沒有插足立錐之地。每一寸沙地都被涉禽們用尖嘴刺探或翻掘過。銀條往硬泥深處挖，找到幾個蝸牛似的貝螺，卻是只餘空殼。她和黑腳兄以及另外兩隻一歲仔沿沙灘往北飛了一哩地，只見雪蓋大地、冰封海面。沒有食物。

　　三趾鷸翻冰刨雪、苦無收穫之際，大烏鴉屠路卡從容振翅，越過牠們頭頂往北。

　　咕——哇——呱——呱！咕——哇——呱——呱！他厲聲嘶叫。

　　屠路卡一直在海邊和鄰近的凍原上來回巡狩，尋找食物。荒原上烏鴉常光顧的幾具死屍，雪後不是遭雪覆蓋便是隨灣畔

浮冰漂去。現在，他發現了一具馴鹿的遺體，是今早被狼群撲倒食剩的，他的厲叫是在召喚同伴前去共享。三隻毛色漆黑的鳥——其中有一隻是屠路卡的老伴兒——在灣畔的浮冰上精神抖擻地走來走去，想啄出冰下的一具鯨魚屍體。這鯨幾個月前誤入淺灘，提供了屠路卡一族差不多整個冬天的糧食，可是大風雪掃通一條水路，傾軋的冰塊推擠鯨屍入水，又堆積在牠身上。聽到屠路卡有關食物的通報，這三鳥彈飛入空，跟隨屠路卡飛越荒原，去揀食馴鹿遺骨上存留的肉屑。

融雪盈湖泊

次夜，風向一變，春融開始。

雪鋪的地氈一天比一天薄。白茫茫的大地露出了大大小小的洞——棕色的是棵露的泥土，綠色的是初融的池沼之水。山邊先是有涓涓細流，漸漸壯大成小河，再壯大成湍湍激流——是北極大地在運送融雪入海。含鹽的冰塊把小灣小溝鑿切得更崎嶇，充沛的雪水沿著海岸鬱積成無數池沼。清冷的水盈滿湖泊，新生命便紛紛誕生了。湖底的泥漿裡，蜉蝣蠢蠢欲動；北地多少種蚊蚋的千萬個幼蟲都在水中扭來扭去。

雪堆融去，草原低地洪水氾濫。北極地底縱橫交錯幾百哩

的旅鼠地道這時不能住了。遮擋寒風的洞穴灌進淙淙的雪水，旅鼠奪門而出，逃到岩石上、高地上，把牠們圓鼓的身體曬乾。暖陽下，牠們很快就忘記了地底剛剛發生的恐怖事件。

現在，每天都有千百隻候鳥自南方抵達，荒原上除去雄梟和狐的嗥叫、又增添了別的聲音。有麻鷸、鴴鳥、細嘴濱鷸的嘰啾，有燕鷗、沙鷗和鴨群的聒噪。長腿鷸鱸似的嘶，紅背鷺銀鈴似的唱。草鷸的鳴聲刺耳，與新英格蘭春晨青蛙的合鳴相仿。

雪原上補丁般的地土日益擴大，三趾鷸、鴴鳥和翻石鷸便聚集在清出的地面上覓食，只有細嘴濱鷸，寧可往未解凍的沼澤或地面積雪的凹處去，那兒有菅茅之類的野草露出雪堆，風一吹便釋放出乾燥的種籽，供鳥兒吃。

三趾鷸和細嘴濱鷸大都遠赴四散在北極海中的各個小島去，在那裡築巢，養育下一代。但銀條、黑腳兒和少數同伴卻留了下來，與翻石鷸、鴴鳥等許多濱鳥住在這跳水海豚形狀的海灣。幾百隻燕鷗正準備在灣中小島築巢，可免受狐狸之害；沙鷗卻往苔原內陸，一到夏季便星星點點的小湖小泊邊去尋住處。

三趾鷸夫妻

趁著春天，銀條接納了黑腳兒為她的伴侶，夫妻倆隱居俯

望大海的一片岩質高地。這裡的岩石上覆滿蘚苔和灰色地衣——它們是首先覆蓋裸露地土的植物。有矮柳零星生長，迸發柳芽也飄散柳絮。在叢叢青綠間，有野藿香向太陽綻放白色的花。山丘南面，融雪注入池塘，又循一條舊溪床注入大海。

黑腳兒現在比較積極進取了，有誰敢侵入他選定的領域，他必與對方大戰一場。打過架後，他便在銀條面前耀武揚威地豎羽踱步；她默默看著，他便一躍起飛，在空中鼓翼嘶鳴。黃昏時，夕陽在東面山坡上拉出紫色的影子，那就是黑腳兒最愛玩這套把戲的時候。

銀條築的巢在一叢藿香草的邊緣，她拿身體在上面滾來滾去壓鑄成形。巢底她鋪的是乾枯的柳葉，是伏地生長的一株柳樹去年的殘留。她一次啣一片柳葉回來，與地衣交雜鋪陳。不久，柳葉上便排開了四顆蛋，銀條開始坐窩，日夜守護著蛋，慎防苔原上任何野物尋到她的居處。

她獨守四顆蛋的第一晚，聽見今年新到苔原的一種聲音，是一種尖聲銳叫，自黑暗中一遍一遍傳出。天微亮時，她看到兩隻黑身黑翼的鳥，在苔原上低飛。這新到的鳥就是獵鷗，雖是鷗族，卻轉成鷹的習性，專事搶殺。自此，苔原上夜夜都聞得那怪笑似的叫聲。

獵鷗數量日增。牠們有的原本在北大西洋漁場，跟沙鷗和

海風下

剪水鸌搶魚吃，其他的則來自世界各地的溫暖海域。牠們一到，苔原上所有動物像是同遭天譴。在這片空曠大地上，牠們或單飛，或兩三個同行，看到落單的草鷸、鴴鳥或瓣蹼鷸便出手撲殺。牠們也會直衝向正在捕食的成群濱鳥，想把其中一兩隻嚇得失了群，然後迅速追擊。在海灣上空，牠們啄擊沙鷗，迫沙鷗放棄到口的魚。牠們搜尋岩石裂隙和小土堆，常常嚇壞躺在洞口曬太陽的旅鼠，逮著正在孵蛋的雪鵐。牠們棲居高岩或山巔，好監視整個苔原的動靜。苔原上高低起伏，色澤深淺不一，深的是苔蘚、是地衣，淺的是砂礫、是頁岩。即使銳利如獵鷗的眼睛，從遠處也看不出鳥兒們暴露在大平原上的、雜色斑駁的蛋。苔原上的動物都擅長偽裝，如果靜止不動，誰也不知道鳥巢或旅鼠就在那兒。

窮盡一生的絢爛

現在，一天二十四小時裡，倒有二十個小時曝曬著太陽，另外四小時，天也總像是將黑未黑、欲明未明。北極柳與虎目草，野藿香與岩高蘭，全爭著長出新葉子，好吸收陽光的力量。把握短短幾星期陽光充盈的日子，北極植物要窮盡它一生的絢爛。之後，它便要將僅存的生命餘火包裹起來、防護起來，熬過漫長的黑暗與寒冷。

凍原的表皮很快繡滿了花朵。先是水楊梅開出白色杯狀花，接著虎目草開出紫花；然後，毛茛的黃花撒了一地，嗡嗡的蜜蜂踐踏著閃亮的金色花瓣，爭搶滿載的花藥，終於全身沾附花粉飛去。苔原上另有一種飛舞的華美色彩，是中天的太陽自柳叢中誘出了蝴蝶。那柳叢，原是在冷風吹襲或雲層攔阻陽光時，牠們一貫休眠的地方。

在氣候溫和的地方，鳥兒喜歡在黃昏或黎明的微光中宛轉高歌。可是在極地荒原，六月的太陽僅僅短暫沉落在地平線下，整個夜晚都像是黃昏或黎明，也就都是適合唱歌的時光。夜空中遂充斥著長距雀的啵啵聲與角鷸的鳴叫。

六月裡有一天，一對瓣噗鷸軟木似地漂浮在池塘光滑如紙的水面，時不時拿裂瓣的腳掌猛地一划，身體便滴溜溜轉了個圈，尖針也似的嘴一戳再戳，捕捉被牠們驚起的昆蟲。瓣躄鷸的冬天是在遙遠的南方大海上過的，牠們追隨鯨魚，吃鯨魚食剩的漂流魚群。北遷時，牠們繞遠路、走大洋，到北極才撲向內陸。這對瓣躄鷸，在離銀條的窩不遠處，山脊的南坡上築了巢。跟苔原上大部分的鳥巢一樣，牠們用的材料是柳葉和柳絮。雄鷸隨即開始坐窩，坐了十八天，用體溫把牠們的蛋變成雛兒。

白天，細嘴濱鷸輕柔的「咕——阿——喜、咕——阿——喜」會像長笛般自山上傳下來。牠們的巢築在高地，隱藏在菅

茅棕色彎曲的蓬花和水楊梅的葉片下。每天傍晚，銀條看著一隻細嘴濱鷸在饅頭山上空靜止的空氣裡翻滾揚升。名叫賈納杜的這隻濱鷸，唱的歌響徹雲霄，幾哩外山頭上的別個濱鷸都聽到，海邊上所有的翻石鷸和草鷸也都聽到。但是與他相呼應的眾多鳥聲裡最特別的，莫過於在低處孵育寶寶的，他那斑紋花羽的嬌小伴侶了。

雛鳥破殼

接下來有一陣子，苔原上許多聲音都沉靜下來，原來全苔原的蛋都在孵化，大家都有雛兒要餵養、要藏好，不讓天敵知道。

銀條剛抱窩時，月亮是圓的；以後一天天消瘦，瘦成天上掛的一條白邊。現在它又增胖到三分，灣內的潮水再次懈怠髭軟下來。一天早晨，濱鳥們聚集在潮間濕地獵食，銀條沒有去。她胸羽下的蛋整夜發出聲音，現在巍然欲破。是幼鳥的喙在啄。經過二十三天的孵育，新生命準備誕生了。銀條低下頭聽那聲音，有時退後一些，仔細端詳。

附近的山脊上，一隻拉普蘭長距雀唱著牠玎玎玲玲、音節繁複的歌。牠往上飛，再飛高，再飛高，下降時吐出歌聲，拉寬翅膀落向草地。這小鳥在瓣蹼鷸玩耍的池塘邊上拿羽毛築了個巢，此刻他的伴侶正在巢裡孵著牠們的六個蛋呢。長距雀享

受著正午的明亮溫暖，沒留意一片影子落在他與太陽之間——是白隼齊家威自天而降。銀條，既沒聽到長距雀的歌聲，也沒注意那歌聲的戛然而止；甚至沒留神一片胸羽飄然落在她的身邊。她在觀看身下一顆蛋上的破洞，耳朵裡只聽到老鼠似的吱吱輕叫，是小寶貝的初啼。白隼回到苔原海高岩上的窠巢，把捕得的長距雀餵給雛兒吃時，三趾鷸銀條的第一個孩兒正破殼而出，另兩顆蛋也啄破了。

一種驅之不去的恐懼首次浮現在銀條心中——她害怕所有的野物，怕牠們危害她幼弱的孩兒。對於苔原上的動物，她的感覺忽然敏銳起來：耳朵細聽獵鷗驚嚇灘頭濱鳥的尖叫，眼睛細察白隼翅膀的拍動。

護雛的方法

第四隻雛孵出之後，銀條效法歷代老祖宗的做法，把巢中的殼一片一片啣出外面丟掉，好瞞過大烏鴉與狐狸的耳目。連高踞岩頂、目光銳利的鷹集，和在天上巡查旅鼠動靜的獵鷗，都沒有見及這棕斑小鳥的行蹤。她無限小心地藉藿香叢遮掩行藏，或壓低身體，貼近鐵絲似的茅草而飛。只有在菅茅間跑進跑出，或在洞穴附近圓石上曬太陽的旅鼠，看見這三趾鷸媽媽一趟一趟飛下山谷。但旅鼠是溫和的動物，與三趾鷸互不侵犯。

海風下

四隻雛兒孵出後的那晚，銀條徹夜忙碌。太陽又轉到東邊的時候，她正把最後一片蛋殼埋藏在谷底的砂礫之中。一隻北極狐走過附近，每一步都穩穩踏在岩石上，不弄出一點兒聲響。看到這雌鳥，牠的眼睛一亮。牠向空嗅嗅，相信她的雛兒就在近旁。銀條飛上較高處的柳叢，看著那狐翻掘出蛋殼嗅聞。牠往山坡上爬，銀條衝向牠，受傷似地往地上翻滾，又拍拍翅膀，搖搖晃晃走過砂地。這麼做的同時，她還吐出一種尖高的、像她自己的幼雛發出的聲音。那狐撲向她。銀條迅速升空，飛越山脊，又回過身來，誘引那狐去追她。就這樣一步一步，她領牠越過坡頂，南入谷地溪流溢成的沼澤區了。

　　北極狐攀坡而上時，在巢中的雄瓣蹼鷸，聽到他在近旁守衛的伴侶發出「普嚦！普嚦！起斯——克」的低呼，也見到那狐往坡上來。雄鷸悄悄離巢，穿過草叢間他的逃生甬道，一直走到水邊，他的妻在那兒等他。兩鳥游到池中間，著急地一邊拿嘴整理羽毛，一邊在池中打轉，又往水中戳刺，假裝覓食。終於，空氣中不再有狐狸的騷味兒了。這雄鷸的胸部有一處羽毛磨損，是抱窩太久的緣故。雛鷸就要出生了。

苔原漫遊

　　銀條引那狐遠離她的幼兒，在灣邊灘地繞圈，有時在潮水

邊緣停步，緊張兮兮地吃點東西。之後，她疾飛回藿香叢，她的四個孩子身邊。幼雛胸腹的絨毛還沒有乾，看起來顏色較深；待會兒乾了，就會轉為牛皮、砂土或板栗那樣的褐黃色。

這三趾鷸媽媽憑本能就知道，她用乾葉和地衣，依她的身型織成的這個苔原小窩，現在已不能遮護她的孩子。北極狐那雙利眼，那四隻踏在岩塊上悄沒聲息的腳，那在空中嗅探她雛兒氣息的鼻孔，令她覺得危險萬分——是一種說不出、摸不著的危險。

太陽滾落到地平線邊緣，只有站在高岩上的白隼抓得住夕陽的餘光，從眼瞳中反射回去。銀條領著四個寶寶離巢，往一片灰茫的苔原走去。

漫長的白晝，這三趾鷸率領孩子，在平原上信步而行；短暫而寒涼的黑夜裡，或是暴雨突降時，她用身體遮覆牠們。她帶牠們到滿盈的淡水湖邊，看潛鳥劈翅下擊，捕魚飼雛。湖邊會有不一樣的食物，小山溝的激流中也可能有。雛鳥們學會捉昆蟲，或在河裡找昆蟲的幼蟲。牠們還學會，聽到媽媽示警的叫聲時伏倒在地，讓敵人分辨不出在石頭間動也不動的牠們。直到媽媽發布解除警報，牠們才嘰嘰啾啾叫著，圍攏到她身旁。就這樣，牠們逃過獵鷗，躲過梟和狐。

出世七天，翅膀上長出三分之一的翎毛來了，不過身體還是披覆著絨毛。再曬四天太陽，翅膀和肩頸長滿羽毛了。兩個星期大

海風下

的時候，這些半大孩子可以和媽媽一起，從這個湖飛到那個湖了。

花落如雨

現在，太陽沉降下地平線的幅度加深，夜的灰暗也加深，夜的時間拉長了。雨下得多，來得也急了；又有另一種溫和得多的雨伴隨而下：是苔原上紛紛墜落的花瓣。植物的糧食——澱粉質和脂肪——都儲存在種籽裡，涵育珍貴的胚芽，好傳續親株不滅的原質。今夏的任務已經達成，不再需要嬌豔的花瓣吸引蜜蜂來傳粉，所以就把花瓣卸下吧。不再需要葉片行光合作用，就讓那葉綠素消褪吧。換上紅與黃，然後隨它飄落。莖和枝也枯萎。夏天在消亡。

鼬鼠的外衣上，不久就出現了第一根白毛。馴鹿的毛開始長長了。打從幼雛孵化的那一刻起就聚集在淡水湖邊的雄三趾鷸，此刻已陸續南飛。黑腳兒是其中的一個。在海灣的泥濘沙地上，小草鷸成千聚集，玩一種新鮮花樣：成群齊飛，呼嘯過平靜的海面。細嘴濱鷸從山上把兒女帶到海邊，每天都有許多成鳥相繼離去。在銀條孵蛋處附近的池塘，一家子三隻小瓣蹼鷸正在練習用瓣蹼踏水、尖嘴捉蟲。牠們的爹娘已遠在幾百哩外的東方，正準備南下大洋。

銀條一直與其他三趾鷸一起，在灣邊餵養孩子。八月裡有

一天，她忽然與幾十隻較年長的鳥兒同時飛起，在灣區上空轉了好大一圈，白翅膀上的條紋一閃一閃。牠們回頭飛，越過灣岸濕地時高聲叫喚——孩子們還在那波浪邊上奔跑、戳刺；牠們又轉過頭來，往南，去了。

親鳥已無必要留在北極。巢，築過了；蛋，忠誠地孵育了；孩子們已學會覓食和避敵，知道了生與死的遊戲規則。過些時，等牠們再強壯些，撐得住沿兩個大陸的海岸南下的旅程，牠們會跟上來，憑著世代遺傳的記憶。至於年長的三趾鷸呢，牠們已感覺到溫暖南方的召喚，牠們要追隨太陽。

南飛

那天日落時分，銀條的四個孩子——現在牠們跟另外十幾隻稚鳥一起漫遊——來到海岸山丘內的平原。地面一片草綠，打補丁似地點綴著一塊塊更深、更柔的綠——是沼池。三趾鷸是順著一條曲折的小溪，從海濱來到平原的，牠們要在溪岸過夜。

在三趾鷸聽來，平原是活的，有一種持續不斷的沙沙之聲，低低細細，像風吹松樹，可是大苔原上根本沒有高樹。又像是小溪流淌，水激岩塊，圓石摩擦的聲音，可是今晚溪水靜止——溪面已結上夏末的第一層薄冰。

海風下

那聲音，是多少雙翅膀的振動，多少個披覆羽毛的身體穿過矮叢，多少隻鳥的低聲啁啾。金背鴴今晚集合隊伍。從海邊寬廣的沙灘，從狀似跳水海豚的海灣，從荒原的四面八方，這種黑腹金斑背的鳥來到平原上集結。

　　黃昏的黑影罩住荒原，黑暗撒遍北極世界，僅餘地平線上一抹赤紅，像是被風吹散了的、太陽的火爐。這時候，鴴鳥興奮起來。牠們的聲音風般掃過平原，接踵而至的鳥群和相互感染的興奮，使得音量愈來愈高。間或有幾聲拔高的顫音壓倒眾鳥，是鳥群的領袖在說話。

　　子夜前後，啟程了。第一批約幾十隻鳥先升起，在平原上轉了幾圈，然後排列成飛行隊形，往東南方飛去。一群又一群相繼起飛，跟在牠們的首領後面走了。牠們飛得低，苔原在身下鋪展像深紫色的海。牠們尖尖的翅膀，每一擊都那麼有力、優雅而美麗，為了這趟旅行，牠們似乎預備了無窮的精力。

　　魁——咿——呀！魁——咿——呀！

　　高亢而顫抖的，這候鳥的呼喚，自天外清晰傳來。

　　魁——咿——呀！魁——咿——呀！

　　苔原上的每一隻鳥都聽到了這呼喚，心中模糊地起了騷動，彷彿知道時間緊迫了。

天空的鳥之河

今年才出生的，鴴鳥的幼兒，一定也聽到了。可是散布在苔原各處遊蕩的牠們，沒有一隻隨成鳥飛去。牠們還得再等幾星期，然後在沒有老成引導的情況下，自行踏上旅程。

從第二個鐘頭開始，起飛不再分群，而是接續不斷的了。像一條大河，鳥兒踴身空中，連連綿綿，自東南迤邐橫越荒原、橫越灣頭，直到東方既白，隊伍仍在延續。

有人說，那是多年來僅見，最大規模的鴴鳥隊伍。在哈德遜灣西岸傳道的老神父尼柯列說，他只有在年輕時，獵鳥人沒有把鴴鳥打得七零八落的早遠年代，才見過這麼壯闊的鳥群。灣區的愛斯基摩人、設陷阱捕鳥的人、做鳥獸皮毛生意的人，那天早上全張大了眼睛，目送最後一批鴴鳥飛越海灣，消失在東方的天邊。

在視線不及之處的迷霧之中，鳥兒知道是拉布拉多（Labrador，加拿大東岸一省）的岩岸，是遍地岩高蘭矮叢，枝上懸著紫色漿果的地方。再遠，是新斯科舍寬廣的海濱灘地。從拉布拉多到新斯科舍，鳥們緩緩而行，飽食熟透了的漿果，大啖蜜蜂、毛蟲和貝類，增長脂肪、儲存精力，以備在長程飛行的體力勞動中消耗。

可是終有那麼一天，群鳥再次騰飛入空，這次是直直南下，

隱沒在海連著天的朦朧地平線下。從新斯科舍到南美，牠們要飛越兩千多哩的大洋。海面船上的人會看到牠們靠海低飛，卻是決不猶豫，像清楚知道自己目的地的人，什麼也不能改變他的方向。

有些鳥，也許會在途中墜落。有些年老的或病弱的會脫隊，蹣跚尋找一個隱蔽所在就死。有些，是被搶枝打落，獵鳥人為著自己的癖好，罔顧法令，生生扼殺一個勇往直前的熱烈生命。還有些，是體力不支墜海。心中不存失敗、遇難的可能，這遷移的隊伍決不遲疑，鳴唱著美妙的歌曲橫過北方的天空。遷移的狂熱在牠們體內燃燒，其他的欲望和熱情，都在這火燄中燒盡了。

附注：

雪鵐：snow bunting，有人叫牠「雪花」（snowflake）。雀科的小鳥，在北極圈築巢，冬季漫居加拿大南部及美國北部。

旅鼠：lemming，主要居住北極區內，短尾、小耳、腿腳有毛。北歐拉普蘭地區的旅鼠定期大遷徙，遷徙時，按既定方向大舉進發，任何障礙皆在所不顧，到海邊即跳海而死。

拉普蘭長距雀：longspur，Lapland，在加拿大北部、格陵蘭及北極諸島築巢。

瓣蹼鷸：phalarope，體瘦頸細而有瓣蹼的濱鳥。善游泳，據說有時會站在鯨魚背上，啄食魚身上的寄生蟲。

第四章　夏末

　　三趾鷸再次奔跑在叫做「船灘」的岬角沙灘上時，已經是九月了。牠們已換上白羽，逐著浪頭捉喜帕蟹。從北方凍原來此的旅程，分割成好幾段，先後在哈德遜灣、詹姆士灣和新英格蘭的大西洋岸停留進食。鳥們秋季的遷徙從容不迫，不似春天裡為傳宗接代刻不容緩急忙北上。那件事現在做完了，且順著風、跟著太陽，向南漂移吧。鳥群時而因不斷有鳥從北面跟上而壯大，又時而因部分鳥已抵達習慣過冬的地點而減少。在濱鳥的大遷移潮中，只有少數的鳥飛了又飛，一直飛到南美的最南端去。

　　泡沫噴薄的波浪邊緣再度響起歸返濱鳥的叫聲，鹽渚之中再次聽得麻鷸的呼哨。夏季終了的跡象不止這些。九月裡，峽灣陸地上的鰻魚開始順流入海。牠們從山巒間、高地上，河流源頭的池沼往下，來到河口的潮間帶。牠們未來的夫婿，正在河口和峽灣裡等著牠們。很快，披著銀色婚紗的牠們，便會隨潮水入海，到大洋中的黑色深淵去發現自己——或失去自己。

海風下

幼鱂入海

九月裡，今春溯溪產卵的雌鱂魚育成的幼鱂，也順溪流入海。起初牠們隨著河口加闊的水流慵懶地游，忽然秋雨降臨，秋風轉寒，那些長不過人指頭的小魚似乎受到河水變冷的刺激，加快速度往暖些的大海游去。

九月裡，最後一批新生的小蝦自大海通過海口，入得峽灣。牠們的到來象徵另一段旅程——親代蝦幾星期前的旅程——順利完成。這旅程沒有人得見也沒有人能形容，我們只知道每年春夏之間，好多好多屆滿一歲的成蝦，悄悄離開岸邊水域，游出大陸棚，溜下海底山谷的藍色斜坡。牠們一去不復返，但牠們的下一代，會在度過幾週大洋生活之後，順海流進入內灣水域。夏秋間，幼蝦先入峽灣，再入河口，尋找泥濘而溫暖的淺灘。這裡有豐富的食物，遍生的鰻草又可掩護牠們不被饑餓的魚發現。很快地，牠們長大了，又投向海，往苦澀的海水中尋索更深沉的韻律。甚至，當本季最後誕生的幼蝦正隨九月的每次潮水入灣之際，先來而已長大的蝦便迫不及待地再度出海去了。

九月裡，沙丘上海燕麥的圓錐狀花轉成金褐色。陽光照耀著沼澤時，那金褐色與鹽鹼地草叢的柔綠與褐黃、燈心草的暖紫，還有海蓬子的猩紅，一同泛著光。橡膠樹已經紅得像河岸上的一團火。空氣中瀰漫著秋天特有的氣味，夜晚轉成濃霧，

從較暖的沼澤區席捲而來。霧掩護了破曉時站立在草叢中的蒼鷺，掩護了匆忙穿越沼澤間祕道的草甸鼠不被鷹鵰瞄到，也掩護了峽灣內一隊又一隊的銀邊魚免遭燕鷗之吻。燕鷗在浪濤翻滾的海上鼓翼，卻是直待日頭驅散了霧氣，才總算逮著了魚。

涼冷的夜氣為廣布灣區的一種魚帶來騷動。鐵灰色的牠們有大鱗片，背上四片鰭像展開的帆——是烏魚，整個夏天都住在峽灣和河口，各自在鰻草和鳧草間漫遊，吃動物殘屑和泥底碎葉過活。但是每到秋天，烏魚會離開峽灣，遠赴外海旅行，途中生育下一代。因此，秋來的第一陣寒意激起這魚對大海的傾慕，喚醒了牠遷移的本能。

夏末趨寒的海水和潮汐的循環，也帶給灣區幼魚返回大海的召喚。住在「烏魚池」的鯧鰺和烏魚，銀邊魚和鯡魚，本來都出生於大海，只因今春浪潮決岸，偶然間進入船灘岸內的這個離岸池塘。牠們也聽到了大海的召喚。

海水漫池塘

中秋月夜，月亮像白色汽球般在天空滑行。隨著月亮一天天變圓而漲大的潮水，漸漸把海口沙灘沖刷出一條渠道。來襲的浪和退返的水吸走鬆沙，灘頭露出弱點，是過去被切割過的舊道。很快，海水衝進池塘了。新切開的渠道寬不過十幾呎，

浪潮在其中嘶聲冒泡，一波又一波灌進池塘，把塘底沖打得高高低低。池後的沼澤區也灌進了水，在草莖和海蓬子變紅的梗間無聲地流竄。帶泥沙的水花四濺，草莖與草莖間盡是泥色泡沫，倒讓沼澤看起來像長滿短草的沙灘；而其實沼澤水深，露出泡沫的不過是草莖的三分之一。

湧入的潮水，釋放了拘禁在池塘內的無數條小魚。成千上萬的牠們推擠出池、出沼，爭先恐後要去擁抱清而涼的潮水。牠們鬧不清東西南北，只任由水流負載牠們、拋起牠們，把牠們翻過來滾過去。在潮水沖成的渠道中，牠們高高躍起空中，閃耀著生氣蓬勃的銀光，像一群珠光寶氣的蚱蜢，跳起、落下，又跳起、落下。潮水推回牠們，不許牠們匆忙入海，許多還是頭下腳上的，徒勞地抗拒水的力量。等退回的浪終於釋放牠們，來到大洋，重新見識了洶湧的怒濤、清澈的沙質海底，以及清涼翠綠的海。

池塘和沼澤怎拘得住一心嚮往大海的魚？沼澤的草襯出牠們銀色的光，牠們一隊接一隊，跳躍而出。這樣的大出亡持續了一個多鐘頭，匆忙的隊伍前後幾無間歇。牠們當中，許多是在那次春季大潮，月亮像銀筆描在天際的那晚入池的，現在，月亮胖了、圓了，又是一次大潮，歡快的、喧鬧的、粗莽的大潮，呼喚牠們回歸大海。

跑啊，通過白浪翻騰的潮水前緣。跑啊，大部分的牠們又衝

過了平穩些的綠色高浪，跌跌爬爬地被捲入大海。但是，浪頭上有燕鷗在捕魚，千萬個小移民才到達海的門檻，便葬身鷗腹了。

烏魚跳躍

現在，有些日子天色會陰暗像烏魚的背，雲的形狀像潑灑的浪。夏季多半從西南方向吹來的風，漸漸轉從北方吹來了。在這樣的早晨，常可見到大烏魚在河口和灘頭跳躍。靠大洋那面的沙灘上擱置著漁船，一堆一堆灰色的漁網擺在船裡，漁人站在灘頭，眼睛盯住海面，耐心地等待。他們知道天氣一變，烏魚就會聚集在峽灣裡；他們知道烏魚會趕在風頭之前，列隊游出海口，沿海岸南下，「尋找一個合意的海灘」——照漁民代代相傳的說法。北面別個峽灣的烏魚也會整隊前來會合。因此漁人等著，相信他們代代相傳屢試不爽的鐵律；船上的空網等待著魚。

除了他們，更另有捕魚者在等待烏魚的行進，其中之一是魚鷹潘東。他是烏魚漁人注意的對象，每當他騰飛如一小片烏雲在天空轉大圈，漁人便齊齊注視他，賭他何時會俯衝入水。他們守候在灘頭或沙丘，百無聊賴，就拿這作消遣。

潘東有個巢，在三哩外河畔的火炬松林。他和他的妻本季孵育了一窩三個雛兒。雛兒初生時披的是與老樹殘株同色的絨毛，現在則羽翼已成，飛開自行捕魚去了。只留潘東和終生與

海風下

他相守的妻，續住他們使用多年的巢。

巢的基部直徑六呎，頂部寬三呎有餘。這一帶泥濘道路上常見的農家騾車，大約都還放不下這魚鷹的窠巢。多年來，夫妻兩鷹年年修整牠們的家，找得到什麼材料就用什麼材料——左不過是海灘上潮水沖上來的那些東西。現在，它下面那棵頂部方圓四十呎的火炬松，整個兒的被這大巢壓住，那些沉沉的木棍啦、樹枝啦、乾草啦，把底下的枝幹差不多全壓死了。這麼些年來，魚鷹夫婦在巢裡織進了二十呎長的漁網，上面還連著繩索；此外，有十幾個軟木浮標、很多鳥蛤和牡蠣的殼、一隻老鷹的部分遺骨、羊皮紙似的蛋殼、一支斷槳、一隻漁人的破靴，以及糾纏不清的一團海帶。

很多小些的鳥兒在這龐然大物的下層舊結構裡另開門戶。那年夏天，就有三家麻雀、四戶椋鳥，和一窩鷦鷯寄住在此。春天裡曾有一隻貓頭鷹，佔住大巢的一角；一度還住過一隻綠蒼鷺。潘東對這些房客都好顏以待。

陰冷了三天，太陽終於破雲而出。在捕烏魚人的注目下，潘東依乘海面上升的一股煖流，翅膀動也不須一動地滑翔。俯瞰下方的水經風起縐，像綠色的綢緞。歇息在船灘上的燕鷗和剪嘴鷗，遠看如知更鳥大小。一隊海豚閃耀著黑色的背脊，在海裡躍上躍下。一條深色海蛇在峽灣水面游動。潘東看見有光

打水裡跳出三次，琥珀色的眼睛一閃，唰地衝下來，那聲音卻被風帶走，消失不聞。

他身下綠屏似的水面上浮現一個影子，噗的起了漣漪，是一條魚伸出鼻子。烏魚穆吉想舒活筋骨，在魚鷹身下兩百呎處的峽灣裡，牠使盡全身力氣，快活地一躍入空中。第三躍時，一條黑影自空落下，虎頭鉗似的鷹爪扣住了牠。這烏魚重逾一磅，但潘東的鐵爪輕易抓牢牠，越過峽灣，往三哩外的家飛去。

自河口往河上飛時，這鷹先抓住烏魚頭，靠近窠巢了，他張開左腳，調整航向，然後降落在巢外緣的樹枝上，右腳仍扣住那魚。潘東為此一餐，在海面徘徊了一個多小時才得手，因此當他的妻靠過來時，他俯身擋住烏魚，噓她走開。孵育期過了，大家得各抓各的魚吃。

過了幾個鐘頭，他又沿河往下飛去捕魚。他猛衝下去，貼近河飛了十幾下，腳拖在河水裡，清洗魚的黏液。

空中海盜

再回巢時，一隻棕色大鳥拿銳利的眼睛盯視著他。這鳥棲在河左岸、俯視河口沼澤的一棵松樹上。是名叫白頂的白頭海雕，職業是海盜，只要能偷能搶，決不自己捕魚。潘東飛往峽

海風下

灣時，白頂跟蹤他，高高佔據魚鷹頭頂的位置。

兩團黑影在空中打了一小時的轉。位置較高的白頂看見那魚鷹陡然間縮成雀子大小，原來是牠直線下降。接著，水面濺起水花，魚鷹不見了。約莫過了三十秒，潘東自水中現身，兩翼收縮急振，竄升五十呎高後才展翼平飛，往河口去。

旁觀已久的白頂知道這魚鷹捕得了魚，正打算攜回松林裡的巢中享用。一聲銳叫自高空傳入魚鷹的耳朵，海雕盤旋跟蹤而來，保持在魚鷹頭上一千呎的高度。

潘東也大叫，聲音中蘊含著惱怒與警戒，翅膀加速振動，想在那強盜動手前躲進松間。可是他爪下的鯰魚挺重，又掙扎扭動不已，阻礙了行動的速度。

正飛到小島和大陸之間，只差幾分鐘就到河口了，海雕佔據了魚鷹正上方的位置。翅膀半收，迅雷般快速衝下，羽毛在風中咻咻有聲。衝過魚鷹身邊，牠在空中一個翻滾，背朝水，伸出兩爪進攻。潘東扭身閃躲，避開那彎刀似的八隻利爪。趁著白頂翻身的片刻，潘東驟然拔高兩百呎、五百呎，海雕自後窮追，騰飛得更高。魚鷹再向上衝，又壓過了敵人。

這當兒，那離水之後生命已在流逝的魚，漸漸連掙扎也無氣力了。牠的眼前出現雲翳，像透明的玻璃表面起了霧。不一會兒，牠遍身閃著綠色、金色珍珠光的生命的絕美，消褪而暗淡了。

高空惡鬥

　　魚鷹和海雕相繼翻高，終於升到寂然的高空，峽灣、灘岸和白沙都無緣參與的空寂之處。

　　淒！淒！淒兮！淒兮！潘東狂怒地尖叫。

　　十幾片白羽自他胸前落向地面，白頂的鐵爪險險抓傷了他。倏地，魚鷹長翅一收，陡直下落，像一粒石子投向水面。耳邊呼嘯的風，颳得他眼睛幾乎睜不開，羽毛也被風用力拉扯，峽灣迅速逼近眼前。面對比他強壯又纏鬥不休的敵人，這是他使出的最後一計。但那冷酷的黑影自他頭頂垂落，速度比他還快，搶在他前面，攔住他，當峽灣裡的漁船在他眼中放大到如漂浮的沙鷗大小時，轉過身來，自他掌中奪去了那魚。

　　海雕攜魚回他在松間的居所，撕開肉與骨。這時候，潘東已羽翼沉重地飛出海口，去海上另尋漁場了。

附注：

魚鷹： osprey，即鶚，長翅的大鳥，有時歸入鷹科，因善捕魚而有魚鷹之稱。潘東（pandion）是牠的學名。
白頭海雕： bald eagle，又譯禿鷹或白頭鷹，是美國國鳥。

海風下

第五章　向海之風

次晨，北風襲向海口，扯碎浪頭，每一波浪遂都拖了一抹濃霧般的水花。烏魚在海口水道裡跳躍，風的變化讓牠們興奮。在河口淺灘和峽灣中其他灘頭，魚兒也都感覺到突來的寒意由流動的空氣傳送給水。烏魚開始尋找儲存了比較多太陽熱量的深水，牠們大隊大隊，自峽灣各地集合，向水道移動。沿著水道至海口，那就是通往大海的門檻。

風自北方，順河吹下。魚群在它之前，移向河口。風又越過峽灣，吹向海口，魚兒又趕在它之先，奔向大海。

隨潮出海

潮退時，自深碧的海水中、自水道的白沙底部攜走烏魚。這強勁的水流，每天兩次向海、兩次向陸地沖刷，掃淨了水道中所有的生物。在它上層，水表割裂成千萬個鏡面，反映出陽光的金黃。烏魚一條又一條躍出霞光萬道的水面，像隨著輕快的旋律起舞。

隨潮出海，烏魚須通過一個叫做緋鷗灘的狹長沙嘴。那裡沿灘建了石堤，防海水沖走鬆沙。碧綠、肥大的海帶緊抓住石塊生長，藤壺和牡蠣更為石塊包上一層白皮。這防波堤一塊石頭的陰暗處，有一對不懷好意的小眼睛，瞪著游向大海的烏魚瞧：它們屬於一條住在石縫間的、十五磅重的海鰻。這身軀圓厚的海鰻，獵捕游經防波堤的魚兒為生；相中獵捕的對象，牠便會自藏身的陰暗洞穴飆射而出，以利齒攫獲對方。

在烏魚羣上方十餘呎的上層水域，有銀邊魚列隊而游，每一條小小身體都反映一線日光。牠們時時會成群突破魚的世界的天頂，齊齊躍出水面，然後像雨點般紛紛落下，在天與水間的那一層隔膜上，先壓出一個個凹洞，然後刺穿。

潮水攜帶烏魚，通過了峽灣內十餘個沙嘴，每個沙嘴上都有鷗群在憩息。在一塊貝殼岩上，兩隻沙鷗在忙著捕日光蛤吃。日光蛤半埋在濕沙裡，沙鷗一尋到牠，便使勁敲擊那玻璃般透明的、泛著淡黃色和淺紫色光暈的厚殼。沙鷗強壯的尖喙終會鑿開蛤殼，吃到裡面的軟肉。

烏魚繼續游，游過海口的大串浮標。因為是退潮，浮標偏向大海。鐵製的大球隨波上下，撞擊的玎玲聲似乎也隨著海的韻律而轉變。這海口浮標自成一個世界，退潮或漲潮似乎與它無關，浪峰過處它升起，浪谷來時它落下。

浮動的海中世界

自從去年春天放置以來，浮標串未經取出刷洗或重新油漆，因此厚厚包覆了一層藤壺與蛤貝的殼，還有囊狀的海鞘、柔軟的成塊苔蘚。許多的動物薦薦，也根鬚似地附著在球體上。殼與殼間、鬚與鬚間，還儲藏了好些沙子、淤泥和綠藻。就在這裡，生命滋長：叫做端足類的瘦長動物，一身節肢的甲冑，爬進爬出永無休止地覓食；海星盤據在牡蠣和蛤貝上，用腳上的吸盤硬掰開牠們的殼。貝類間隙中，如花的海葵開開合合，散出肉質的觸手，自水中捕捉食物。住在浮標上的二十幾種動物，大都是幾個月前，峽灣水域密布的各種初生幼體長成。千千萬萬無以數計透明似玻璃而比玻璃更脆弱的微小幼體，若找不到堅固可附著之處，大約注定早夭。運氣好碰到浮標的小生命，便吐出黏液或用足絲、吸盤等固著自己，在那裡度過一生，成為這漂動世界的一部分，隨浮標載浮載沉。

海口的水道，因浪激鬆沙而色呈灰綠，波濤聲漸行漸大。烏魚游著游著，敏感的側腹感受到海水沉重的撞擊。海的脈動因海口的長長沙洲而起了變化：浪在沙洲上碎裂，碎成白沫似的水屑。烏魚出得水道，感覺出大海較長的呼吸，是大西洋深處興起、突升和墜落的波浪。越過第一道波浪線，烏魚隨大洋較大的起伏跳躍，一條跟一條跳出水表、躍入空中，然後白光

一閃，落回這移動隊伍中的原位。

　　站在高丘上守望的漁人，早在第一條烏魚游出峽灣時便看到了。烏魚跳起時，他憑經驗估算魚群的數量和行進的速度。雖然有三艘漁船和船員等在遠遠的大洋岸邊，他卻沒有立即通報。潮還在退，水流向海的推力很大，漁網不能逆勢攔截。

沙丘漁人

　　沙丘上風大、飛沙多，又兼鹽份高、日頭烈。颳著北風，沙丘凹陷處的草背風而倒，葉尖一遍又一遍在沙上畫圈圈。鬆沙被風吹起，白霧似地向海襲去。從遠處看，沙岸上的空氣混混濁濁，霧茫一片。

　　沙岸上的漁人倒沒看見沙霧，只覺得眼裡、臉上都教沙打得生痛，頭髮間、衣服裡，也都滲進了沙。他們取出手帕繫在臉上，把鴨舌帽壓低。風從北方來，意味著灰沙上臉，意味著海上風波惡，但也意味著烏魚季節。

　　陽光直射向站在沙灘上的這些人，內中有些是婦女和孩童，幫著男人拉繩索。孩子們都赤著腳，在沙灘後面已淺的池塘裡涉水淘沙。

　　潮退盡，剝極而復了。防波堤間已有一艘船飛快駛出，準

海風下

備攔截烏魚。在這樣的風浪下駕船出海很不容易，船員各就各位，像機器的齒輪一般。定好方位，船搖晃著推進了鼓脹的高浪，划到波浪線外，漁人便停槳而待，船長抱臂立在船舷，兩腿很有彈性地隨船上下，眼睛望向海口。

在那綠波中，有魚——成千上萬的魚，馬上就會來到漁網可及的範圍。北風在吹，烏魚會乘風跑出峽灣，沿著海岸往南走，一如千萬年來烏魚的慣例。

五六隻沙鷗在海面上咪嗚咪嗚地叫，這表示烏魚來了。沙鷗不吃烏魚，牠們要的是大魚游經淺水時驚散的鯡魚。烏魚來到防波堤外，游動的速度約相當於人在沙灘上的行走。守望者以手勢向漁船上約人指示魚群的位置，一邊走向漁船，一邊揮舞手臂說明牠們移動的路徑。

漁夫們腳踏船板、手握船槳，繞半個大圈，往岸邊划去。麻線編成的網輕悄悄地自船尾撒下，軟木浮標啵地跳上水面。網一端所繫的繩子，由岸上的五六個人牽著。

烏魚入網

船四周的水中全是烏魚。牠們的背鰭劃破水面，牠們跳起又落下。船上的人加把力划著槳，努力靠近岸邊，免得魚群溜

走。船到第一條碎波線，水深僅及腰部的地方，船夫便紛紛跳下水，船自有別人拖上岸。

烏魚游經的淺水區是一片透明的灰綠，被波浪攪起的鬆沙弄得有些混濁。烏魚很高興回到鹹鹹苦苦的海水中，受到本能的強力驅使，牠們在旅途的第一段結隊而行，眼前雖是沿著岸行，最終卻將去到遙遠的碧海深處。

澄綠、透著陽光的水中，隱約浮現一道影子。從模模糊糊一幅灰色的簾幕，漸漸清晰成一面長長的、釘著十字椿柱的漁網。第一條烏魚撞上了網，猶豫地拿鰭往後撥水。其他的魚自後面擠上來，嗅聞漁網。慌亂的情緒傳開去，魚們往岸上衝，想尋出一條生路。可是岸上漁人拉緊了網，淺水處游不過去。轉往海那面，卻碰上漸收漸小的網：岸上的和水裡的漁人齊拉繩索——拖拉著水，也拖拉著魚。

網逐漸收攏，拖向岸邊；魚在網中死命掙扎，合全體幾千磅之力，想逃出生天。重量加上衝力，漁網底部露出了空隙。烏魚肚皮在底沙上磨蹭，從空隙中鑽了出去，溜往水深處。密切注意網子動靜的漁人感覺到網子騰空，魚兒開溜了。他們用力拉網繩，個個腰痠背痛。六個人涉入深及下巴的海水中，踩住網底的錘繩。可是浮標的外緣還在五六條船身的距離以外呢。

突然，整群魚齊往上縱，飛灑的水和噴濺的水一時弄得漁人滿臉。已經有上百條烏魚跳出了浮標圈。更多的魚撲身投向漁人，漁人轉身避開暴雨般的魚群，但手中的繩索拉得更使勁。浮標線高出水面，魚一躍不過，觸網而被彈回。

沙灘上兩堆鬆鬆的網愈堆愈高。很多巴掌大的小魚，頭掛在網上。錘繩收得快了，海中餘網變成大而長的包裹形，裡面裝滿了魚。大包裹終於收到碎波邊緣的淺水區時，拍手似的聲音響起，是上千尾烏魚使盡牠們最後的力氣，在憤怒地拍打濕沙。

被棄的生命

漁人趕快自網中取出烏魚，拋入一旁待命的船裡。他們巧妙地一抖網子，便把掛在網上的小魚給抖落在沙灘上。裡面有海鱒和鯧鰺的幼魚，去年才孵出的烏魚，以及小的帝王魚、羊頭鯛和海鱸魚等。

太小不能賣也不能吃的幼魚，就這樣被胡亂拋棄在水線以上的沙灘。生命從牠們身上一點一滴地滲漏，牠們渴想設法越過幾丈乾沙，返回海中而不可得。最後，小些的魚屍或許會讓海水帶走，其他的，恐怕就得躺在潮水不及之處，與樹枝、海草等雜物共朽了。大海就這樣不斷提供食物給在潮

間帶覓食的動物。

　　漁人又收了兩網魚，潮水已經接近滿潮位。他們駕著滿載的魚走了，一群沙鷗自外灘飛來，享用被拋棄的魚，灰濁的海襯出牠們羽色的白。牠們正為爭搶食物而鬥嘴，兩隻體型較小、披著光澤黑羽的鳥乘虛而入，各拖一條魚到沙灘高處，狼吞虎嚥吃了個精光。牠們是魚鴉，專在水邊撿食死蟹、死蝦等大海遺物。待日落後，鬼蟹也會成群結隊出洞來，清理掉這些魚的最後屍骨殘跡。便在此刻，沙蚤已經聚集，忙著把魚屍上的物質轉化成牠們自己的生命。海中沒有糟蹋掉的東西；一個生命死了，必有另一個生命繼起，珍貴的生命質素形成無止無盡的循環鏈。

　　夜間，當漁村裡的燈光一個接一個地熄滅，漁民圍爐烤火以抗風寒之際，烏魚順暢無阻地出得海口，往西、往南，沿著海岸，游經黑沉的海水。那裡的波浪起伏像巨魚身後的行跡，在月光下閃爍著銀輝。

海風下

附注：

藤壺：barnacle，海產甲殼動物，蔓足類，有石灰質殼板，以頭端朝下固著在
岩石、船體、浮木等物，甚至較大的動物體上，蔓足形如瓜蔓，伸出殼外捕食
微小顆粒。
端足類：amphipod，一種小型無脊椎動物，狀似小蝦，食腐，是多種魚類、鳥
類及其他無脊椎動物的食物。

第二部　鷗鳥飛處

第六章　春之移民

　　北美大陸的東端，並不是大西洋真正的起點。就切薩皮克角（Chesapeake Capes）到鱈魚角那個肘彎（Cape Cod，在麻薩諸塞州，形如肘彎）之間而言，潮水線距離大洋還有五十哩到一百哩之遠。這距離不是說的平面，而是根據深度來計算，是由陸地到海洋的轉接緩衝地帶。初始也許是平緩的斜坡，但到達一百嘮的深處，海底地形便會突降如懸崖絕壁，穿透海水的淡淡天光倏然消失，陷入一片黑暗。

　　在這大陸邊緣的藍色迷濛中，鯖魚一族懶洋洋地度過了冬季最冷的四個月份。一年裡的另外八個月，牠們都在上層水域中，過著熱烈刺激的生活，休息四個月也不為過。牠們躺在陸棚邊緣，夏天裡猛吃，儲存的脂肪夠牠們過冬。冬眠快結束時，牠們的身體裡便盛滿了魚子，沉重起來。

鯖魚甦醒

　　四月，沉睡在維吉尼亞角外陸棚邊上的鯖魚甦醒過來。也

許是迴旋而下滲透休眠地的洋流，讓鯖魚朦朧獲知大洋已然變換了季節，遵循自古以來的規律，周而復始。好幾週了，大洋表面冰冷、沉重的水——冬季的水——向下沉降，與下層較溫暖的水互換。暖水上升，帶上來大量底層的磷化物和硝酸鹽。春天的陽光加上肥沃的海水，催醒了冬眠的植物，趕緊生長繁殖。春天帶給陸地嫩芽和花苞，帶給海的，則是多不勝數的單細胞植物——用顯微鏡才看得到的矽藻。也許下沉的水通知了鯖魚：上層水中滿是這種植物。靠吃矽藻過活的甲殼類飽食之下，也就會在水中塞滿牠們妖頭鬼腦的幼兒，弄得海水迷濛似霧。不多久，各種各樣的魚就會來到這春天之海，吃水表蝟集的小生物，養下牠們自己的幼兒。

也許，流經鯖魚休眠地的洋流還捎來一個訊息：冰和雪都融了，新鮮的水衝下河道，湧入海中，沖淡了苦鹹的海水，這密度低些的水，正適合魚兒產卵。不管叩門的春帶來的是什麼感覺，鯖魚迅起回應。旅行隊伍開始集結、移動，穿週微明的海水，千千萬萬的牠們出發赴上層水域。

大約離鯖魚度冬地一百哩的遠，海便脫離了大西洋深黑的底床，開始沿著大陸的泥坡往陸地爬升。在全然的黑暗和凝滯中，海要攀爬幾百哩，爬升到一哩多的深度，漆黑才逐漸淡成烏紫，烏紫轉為深藍，再轉為天青。

海在一百噚的深處攀上了峭壁，那兒恰是陸基的邊緣。自那兒起，陸棚緩緩而升；也從那裡起，海中出現了嚼食海底植物的魚群。深海中食物難得一見，因此只偶然有一隻，或頂多三五隻瘦小的魚巡游。但這裡有很多東西給魚吃：長得像植物的水螅，靜躺在沙裡的蜆和蛤，還有遇見魚匆忙竄走像兔遇見獵犬的蝦和蟹。

肥沃沙洲

柴油動力的小漁船出海了，這裡那裡都安放了幾哩幾哩長的網子，海水自網孔間流進流出，或與攔網角力。鷗鳥的白翅又在海的上空列隊展示——鷗鳥，除了三指鷗外，都不喜歡空闊的大洋，寧可待在海的邊緣。

海上升到陸棚之上時，便會遭遇好多與海岸平行的沙洲。在這距潮水線五十哩到一百哩遠的地帶，海一定會遭到單獨或成串的沙洲阻攔，海水要從四周的海谷往上爬，爬上寬約一哩遍布貝殼的高原。過了沙洲，水又下滑，因為沙洲與海岸間是另一個谷地。高原的養分比谷地豐富，有一千多種無脊椎動物可供魚類攝食。高過沙洲的水往往特別肥，形形色色的微小動植物像移動的雲，隨海流漂浮，或稍能自主地尋覓著食物。它們是海裡的流浪者——浮游生物。

海風下

鯖魚並不順著海的地形翻山過谷。離開冬眠地後，牠們好像急著立刻來到陽光照耀的上層，從百噚深處直直攀上水表。在深海的幽冥中待了四個月，鯖魚興奮地竄上明亮的水層，鼻頭伸出水面，邊游邊看蒼穹下的浩渺海洋。

鯖魚探頭出來的地方，並無任何標誌可資識別是在大海之東或西，是在太陽升起之處或沉落之處；但魚群不假思索，便自深藍的大海轉向岸邊，轉向那河川湧入而淡成綠色的水域。牠們要找的，是一片寬闊而不規則的水域，由西南斜向東北，由切薩皮克角南伸到楠塔基特（Nantucket，麻薩諸塞州外海島嶼）。這片水域，窄處離岸才二十哩，寬處五十哩有餘，是大西洋鯖魚自古以來產卵的地方。

魚的隊伍

四月後半，鯖魚不斷自維吉尼亞角的外海升起，急忙往岸邊跑。大海裡騷騷然，因為春季大移民開始了。魚的隊伍有的比較短，有的寬一哩、長達好幾哩。白天，海鳥注視著魚群，看牠們像黑雲飄過綠海，向陸地移動；但在夜間，卻因牠們攪擾起萬億個會發光的浮游生物，而使牠們看起來像熔解的金屬傾瀉入海。

鯖魚沒有發聲器官，不會作聲，但牠們通過時會在水中激

起很大的波動，玉筋魚和鰷魚一定都老遠就感覺到有魚群匆匆過來了；蟄伏於水底淺灘上的各種動物，像穿行於珊瑚間的蝦和蟹、盤踞在岩石上的海星、行動詭祕的寄居蟹，以及那淡色花朵般的海葵，一定也都察覺了。

鯖魚急匆匆往岸邊游去的時候，是層層疊疊地成行成列。那幾週裡，散落在陸棚邊緣與海岸之間的暗沙，常因魚群經過而黑黑沉沉，情景類似另一種生命之雲——旅鴿隊伍——飄過時，在地面上投射出的暗影。

疾奔的鯖魚及時趕到沿岸海域，卸下牠們的重擔：卵和精。牠們的身後遂出現一片透明水晶，是極其微小卻無以數計的生命延展開來的河，其壯觀唯有流經天際、萬點光芒的銀河可堪比擬。每平方哩海水中的魚卵數估計上億，一艘漁船一小時能航經蘊含十億顆卵的水域，而整個產卵區，有好幾百兆顆卵。

卵與精都排空後，鯖魚轉向新英格蘭外海，食物豐富的區域游去。牠們一心一意要去那片熟悉的海域，知道那裡有一種叫做 Calanus 的小型甲殼動物，在水中成羣游動像紅色的雲。鯖魚的下一代，大海會照顧，就像照顧所有的魚、蚌、蟹、海星、水母以及藤壺的下一代一樣。

附注：

噚：fathom，海的深度計量單位，一噚等於六呎。

三指鷗：kittiwake，亦稱三趾鴴，海洋鷗類，築巢於海濱懸崖。

浮游生物：plankton，英文字源來自希臘文，「漫遊者」之意。浮游生物包含所有居住海洋或湖泊表層的微小動物與植物。有些浮游生物完全被動，任水漂流；有些則可以游來游去地覓食。不過，遇到比較強大的水流，它們全都不由自主。很多海生動物在嬰幼期都以浮游生物狀態生活，包括絕大多數的魚、底棲的蜆蛤、海星、蟹等。

橈足類：copepod，甲殼動物中的一類，身體細小，長的也不足五分之二吋長，多是浮游生物群中會游泳的族類。有的會寄居在別的動物身上，隨寄主來去；有的黏附在刺網等物上，是海洋食物鏈上重要的一環。Calanus 是其中一種小的，長約八分之一吋。由春至秋，在新英格蘭外海數量極多，是鯡和鯖以及格陵蘭鯨的主要食物。

第七章　鯖魚誕生

鯖魚史康波，就是這樣在長島東南七十哩的大海表層出生的。剛出生的時候，牠是一粒小球，還沒罌粟花的種籽大，漂盪在灰綠的海水表層。小球內有一小滴琥珀色的油，小球因此能浮而不墜；又有一小點灰色的生命物質，小到用針尖就能挑起。這一點生命物質，會在時機成熟時變成史康波——強壯而善泳的一條鯖魚、海中的流浪者。

史康波的雙親，五月間才從陸棚邊緣前來，是最晚到的一大批鯖魚移民。在急速向海岸推進的第四個夜晚，強大的水流正把牠們拉向岸邊，卵和精已開始流出牠們的身軀。史康波，是其中一條雌魚排出的四五千枚卵當中的一枚，孵化而成。

這世上，恐怕很難找到別的出生地點，比這水天之際更奇異：這裡有各種奇奇怪怪的生物，受風、太陽與洋流統領管轄。這地方安靜無聲，只除了有時風吹過無垠的水面，像在耳語或是咆哮；有時海鷗順風而下，帶來牠們高亢、狂野的咪嗚聲；又有時鯨魚破水而出，吐出久閉的氣息，翻身再度入海。

海風下

鯖魚卵的飄零

鯖魚急急向北向東，排精產卵的活動沒有阻礙牠們的行程。海鳥在黯沉約海面尋找過夜的地點時，多種微小的動物自海底深處不見天日的峰與谷間，悄然浮出水面。夜晚的海屬於浮游生物、小蟲和蟹嬰，屬於大眼睛的透明幼蝦、藤壺和蛤貝的幼體，屬於鈴鐺般悸動不已的水母，以及所有怕光的海中小生物。

鯖魚卵這脆弱的小東西，竟被放置在這樣一個奇異的世界裡飄零流落。這裡遍地是殺手，個個都得靠吞沒別個生命來維持自己的生命——不管牠吞沒的是植物還是動物。這鯖魚卵遭到比牠早一點點出世的小魚、小貝、小甲殼、小蟲的傾軋。那些小東西，有的出生才幾小時，都在大海裡單打獨鬥，忙著找吃食。有的拿鉗爪抓住比牠更小、吞得下去的動物，有的用尖牙利齒獵食，或用長著纖毛的嘴吸濾矽藻漂在水中的綠色或金色細胞。

除了微渺的海生幼體，海中也遍是大型殺手。鯖魚雙親才走了一小時，一夥櫛水母便浮上水面。櫛水母樣子像醋栗，游泳時靠晃盪密集成片的纖毛前進，這些纖毛分成八片，垂掛在牠透明的身體四周。牠們的體素比海水密不了多少，每天卻要吃掉比身體大好幾倍的扎實食物。幾百萬個新受精的鯖魚卵在上層海域隨水漂盪時，櫛水母緩緩向上浮升，長斧似的身體前搖後擺，散射出冷冷的磷光。牠以致命的觸絲彈水，終夜不息，彈性極大的觸

絲，每一根伸展開來都有牠身體的二十倍長。當牠們迴身、旋轉，在黑暗的水中閃爍慘綠的光，貪婪地彼此推擠，許多懸浮的鯖魚卵就被如絲的觸角掃中，迅快地送入等待的口中。

觸絲之網

在史康波生命的第一夜，櫛水母冷而滑的身體多次與牠相撞，那些搜尋的觸絲卻總以毫釐之差，沒有網住牠。經過一夜，牠已經從受精卵分裂成八個細胞，進入胚胎魚的階段了。

與史康波一起漂浮的幾百萬鯖魚卵中，有許多才剛進入生命旅程的第一階段，便遭櫛水母擭獲吃掉，很快轉化成對方與水無差的體素，轉世投胎似地又在水中晃盪，照新的方式捕食自己原先的同類。

那一夜，海躺在無風的天空下，任由鯖魚的卵繼續遭到屠殺。天快亮時，微風自東方吹來，海面起了波動。再過一小時，海浪翻騰得厲害了，風穩穩向西南吹。海面剛起縐，櫛水母便下沉入深海。雖是如此簡單的生物，不過是兩層細胞、一層包裹著另一層，也有自保的本能，感覺得出洶湧的水波可能破壞牠們脆弱的身體。

鯖魚卵面世的第一夜，已有一成以上遭櫛水母吞噬，或因

海風下

天生虛弱，細胞幾次分裂後便死了。

　　存活的鯖魚卵，現在暫時沒有什麼敵人了，但強勁的北風卻也帶來別種危險。上層海水經風一吹，牠們也隨著往西、往南漂去。像牠們這樣的海生幼體，全都沒有自主能力，只能隨波逐流。鯖魚卵就被帶離牠們通常孵育的海域，進到了對幼魚而言食物鮮少、飢餓的獵食者卻遍地皆是的地區。經此厄運，倖存的卵千不得一。

胚胎魚形成

　　第二天，那金色的受精卵已分裂了無數次，盾牌似的胚胎魚開始有了形狀，新的敵人卻穿過浮游生物而來了。箭蟲，是一種透明、細長的蠕蟲，在水中行動快速如箭離弓，捕食魚卵、橈足類甚至同類。牠們的頭殼堅硬、下巴生牙，比較小的浮游生物畏牠們如虎，雖然在人類看來牠們的身量還不足四分之一吋。

　　漂浮的鯖魚卵，被左飆右射的箭蟲給衝散、揀食，待到上升的海流和潮汐載運牠們到另一個海域，多少鯖魚都給吃下肚去了。

　　胚胎期的史康波，卻逃過劫難，纖毫未損。在五月的暖陽照射下，卵內的活動正在狂熱進行──長大、分裂、分化成不同的組織與器官。存活了兩夜兩日，魚的長條形狀已在卵內形成，包覆著半個卵黃──它的食物來源。身體的中線已經出現

一條細細的突起，是正在變硬的軟骨，以後會變成背脊骨。前端一個大包，說明了頭的位置，上面兩個小小突起，則標示出以後的眼睛。第三天，背脊骨兩側各出現十幾條 V 形長條肌。透過仍然透明的頭部組織，看得見裡面大腦的裂片。耳囊有了，眼睛接近完成，透過卵殼看得見那兩點黑，視而不見地覷瞄著周遭的海。第五天日出前，天剛濛濛亮，頭下方兩個薄殼的囊，因著它裡面包含的液體而透出殷紅，悸震著，開始了規律的脈動。這脈動，只要史康波的身體裡還有生命，就會持續不斷。

那一整天，進展的速度飛快，彷彿迫不及待地要孵化完成。尾巴加長，上面出現一條薄薄的裙邊——是鰭骨，一排小小的尾鰭就要從這裡長出來，像一列插在風中的旌旗。橫跨這小魚肚腹兩側的開口凹洞，在七十幾條圓弧形肌肉的保護下穩定成長，到下午三點鐘左右便合了口，形成消化管。在跳動著的心臟上方，口腔深化了，但離消化管仍很遠。

隨波逐流

海表的水流受風，向西南穩穩推湧，攜帶如雲的浮游生物同行。鯖魚誕生之後的六天期間，海洋中遭掠殺的數目絕無稍緩地持續增加，鯖魚卵又有一半以上被吞食，或在發育中夭亡。

最具毀滅性的時段是夜間。有幾晚星月無光，大海靜靜躺

在寬廣的天空下。有幾晚繁星無數，恰似海中的浮游生物閃耀光芒。一夥一夥的櫛水母和箭蟲，橈足類和小蝦，還有長著透明翅膀的蝸牛（是軟翼海螺），都從水底深處浮升到上層水域來，在黯黑的水中燦燦生輝。

東方的夜色不過是剛剛開始緩解，黎明還沒有真正到來，奇異的大逃亡已經展開：浮游生物全都匆忙下沉，怕見那還未升起的太陽。除非烏雲遮日，這些小生物很少能在白晝的水表存活。

史康波和其他的鯖魚幼體也加入這大逃亡的行列，移向深海去渡晝。等地球再度轉入黑暗，牠們又會向上抬升。還在卵內的胚胎魚不由自主，只是隨著與牠的身體同密度的水流動，這水，也會帶牠們在同層的海域遷移。

第六天，水流帶鯖魚卵漂過一個蟹子密布的大沙洲。這是螃蟹孵幼的季節，在媽媽肚子裡過了一冬的蟹卵，此時掙破了外殼，釋放出小妖似的蟹嬰，立刻上升往上層水域。以浮游生物的形貌生活一段期間後，牠們要幾度蛻去嬰殼，這才演化為螃蟹模樣，也才能住進海底高原上的蟹族領地。

新生小蟹子

現在，牠們急匆匆往上，新生的小蟹子用細竿似的附屬肢，

游得挺穩健。黑色的大眼睛準備觀察這世界，尖利的牙齒準備捕捉大海提供的任何食物。水流把牠們和鯖魚卵混在一起，牠們於是飽餐了一頓魚卵。到晚上，兩股水流——潮流和風流——相遇相爭，許多蟹嬰被帶往陸地，鯖魚卵則繼續向南。

海上多次出現「南方近了」的跡象。例如在蟹嬰出現之前那晚，好多哩的海面燦爛輝煌，是一種南方特產櫛水母放出的強烈綠光。叫做 Mnemiopsis 的這種水母，髮櫛般的纖毛在白天會散放出彩虹似的光，夜間則晶瑩如翡翠。而現在，溫暖的上層水域又首次出現另一種顏色淺白的南方水母 Cyanea，拖著牠的幾百根觸手在水裡穿梭，看能纏上魚還是管他什麼。又有一次，海中好幾個鐘頭沸騰般騷動著大批樽海鞘——頂針大小琵琶桶似的透明身體，桶身用一束一束的肌肉箍住。

第六天夜裡，鯖魚卵堅韌的殼開始破裂。小魚仔一條一條鑽出卵殼的局限，首次得知海的觸感。牠們小極了，二十條首尾相連也不過一吋長。其中有一條，就是史康波。

他顯然發育不全，模樣兒簡直像個早產兒，根本照顧不了自己。鰓裂雖有，卻還沒通到喉頭，沒法子用來呼吸。嘴巴，不過是個沒開口的袋子。幸好，新孵化的小魚仔還附有一個蛋黃囊，存餘的養份可維持到牠的嘴巴張開、啟用。可也就因為身上附了這麼個大囊包，鯖魚寶寶頭下尾上地浮在水裡，行動無自主權。

海風下

接下來的三天，小鯖魚有驚人的變化。嘴和鰓的結構完成，細小的鰭自背上及兩側冒出，下半身變長、長了力氣，可以掌握行動了。眼睛摻入色素，轉為深藍，可能已經開始向小小的腦子傳送出訊息，說明它們看到什麼。蛋黃囊逐步萎縮；少了它，史康波發現自己可以轉頭向上。身軀還很圓胖，但扭動著它，加上鰭的運動，他在水裡游起來了。

海水日復一日向南推湧，浮在水表的他卻不知不覺，反正他虛弱的鰭不足與水流抗衡。水攜他往哪兒他就漂浮到哪兒。不過，如今他可名正言順是浮游生物社群裡的一員了。

附注：

鯖魚：mackerel，游動迅速的外海羣集魚類。史康波（Scomber）是鯖的學名。
櫛水母：comb jelly，因觸手如髮櫛（梳齒）而得名，八行櫛板輻射對稱，以纖毛同步擊水前進。
蟹嬰：crab larva，剛孵化的蟹子是透明的，一對眼睛特別大，樣貌頗不類雙親。成長過程中須一再脫去硬殼，這才愈來愈像隻螃蟹。嬰幼年生活都在海表度過，游來游去捉小東西吃。
箭蟲：或稱玻璃蟲（arrowworm 或 glassworm），是細長透明的海中小蟲，雖小卻兇猛，吃很多幼魚。
樽海鞘：salpa，桶狀、透明，長約一吋，兩端開口。許多種能發光。

第八章　獵食浮游生物

　　春天的海中盡是匆忙的魚。鯛，自維吉尼亞岬角外的度冬地向北遷，趕著去新英格蘭南部的沿岸水域產卵。幼鯡，大隊大隊緊貼著水面急速游，在水面揚起的波紋不會比微風吹動的更大。還有油鯡，密密層層的隊伍，陽光下閃著銅與銀的光，在密切注視的海鳥看來像黑色的雲，飄動在大海平滑如紙的深藍表面。混在鯡和油鯡隊伍裡的是遲到的鱘，牠們循著海的航道，要往出生的河流上去。至於那像織布機上的緯線，穿梭交織在別種魚形成的銀色經線之間的，是閃著藍綠色光的最後一批鯖魚。

海燕北來

　　小鯖魚推攘前進的水域上方，有剛自遙遠的南方回來、今春首次出現的海燕，三五成群拍擊著翅膀。海面時而坦如平原，時而波似丘陵，海燕輕巧地在其上前移後挪，偶然優雅地竄身下擊，叼起浮在水面的什麼，像蝴蝶自花朵上吸食甘露。小海

海風下

燕不知道北地冬天的況味，因為冬天要來時，牠們會回到好遠好遠的南大西洋和南極的島嶼去孵育幼兒，而那兒正是夏天。

有時候，海面上連續好幾個小時拍濺著白浪，是春來的塘鵝自高處直衝入水，追逐魚食，有力的翅膀和帶蹼的腳撲濺出水花。牠們只是路過，目的地是聖羅倫斯灣外緣的岩礁。水流朝南，追逐在油鯡後面的、灰色的鯊魚身軀便愈來愈常見到；此外，有鼠海豚的背在太陽下反光，老海龜在水面上游。

史康波對他生存的世界還茫然無知。他的第一道餐點是水中微小的單細胞植物，他吸入口中，經鰓片過濾進來。過些時他才學會捕捉蚤子大小的浮游生物，學會衝進牠們浮雲般的團塊，啪地逮著這新奇的食物。白天，他多半和別的幼鯖一起，在海底度過；到夜晚才浮上水面，在閃著磷光的黑暗之海中游動。這樣的晝伏夜出並非出於自主，只是讓食物牽著鼻子走罷了。年幼的史康波其實不知白晝與黑夜有何不同，也不知深海與淺海差別何在。不過有時，他划動鰭子往上攀，會進入閃著金碧的水域，看到物體在他眼前跑得飛快，看得他眼都花了。

被獵捕的滋味

在表層水域，史康波首次嘗到被獵捕的恐懼滋味。是他出

世的第十天早晨，他還逗留在上層沒有下去，十幾條銀光閃閃的魚突然自清碧的水中現身。是鯷魚，樣子像鯡，可比鯡小。游在最前面的鯷魚看見史康波了，斜刺裡穿過間隔才一碼的水，張口準備吞吃這小鯖魚。史康波驚覺，速速退走，但他的勁道還沒養足，在水裡翻滾得十分狼狽。有那麼一瞬間，他就要給吞了，恰好另一條鯷魚自反方向衝過來，與第一條鯷撞個正著。趁亂，史康波就往下鑽。

這一鑽，他發現自己站到幾千條鯷魚的主力部隊中間來了；牠們的銀色鱗片自四面八方向他照耀，他想逃，卻被牠們團團圍住，牠們在他的上方、下方以及周圍歡跳推擠，狂熱地往前游去。牠們誰也沒注意到這小鯖魚，牠們自己正拼命在趕路呢。幾隻幼鮋魚嗅得鯷魚的氣味，翻身來追捕；才一眨眼的工夫，便像狼群般獰惡地撲上獵物。帶頭的鮋魚尖嘴刺出，剃刀似的牙齒啪打一聲，兩條鯷魚入了牠口，兩個魚頭、兩條魚尾被俐落地切斷拋出，水中頓時漫出血腥味。這彷彿讓鮋魚更加興奮，瘋狂地左砍右劈，直奔進鯷魚群的中央，打亂了這較小型魚的隊伍，嚇得牠們四散奔逃。許多魚往上衝，跳出水面，接觸到陌生的空氣，但隨即被盤旋在上、與鮋魚協力捕食的鷗鳥給逮著了。

屠殺案愈演愈烈，澄碧的水逐漸讓血暈玷翳，成了銹色。史康波察覺他吸入口鰓的水有異味，這讓未嘗過血、不知狩獵血慾的他感到不安。

沉入黑暗

追殺者和被追殺者終於過去，激盪的水終於靜止，史康波的感覺細胞終於又只感受到大海有力而規律的韻律。先前那些獵食惡魔的翻滾、劈刺，把這小鯖魚的感覺細胞都給鬧麻木了。在明亮的表層水域目睹這場幻象般的追逐戰後，他可以下沉了。噚復一噚，他讓自己沉入墨黑的綠，讓黑暗隔絕任何可能潛伏在身邊的恐怖份子。

他降落到一團食物裡：是幾週前在這裡孵化的某種甲殼類的幼嬰，透明的身體、大大的頭，搖擺著兩列羽毛狀的腿，在水裡鼠動。已經有幾十隻小鯖魚在吞吃牠們，史康波也加入行列。他逮著一隻幼甲殼，先用上顎壓碎牠那透明的軀殼，然後吞下。他很開心，急著多吃些這種新鮮食物，便在幼甲殼之間撲來撲去。饑餓的感覺充塞了他，對大魚的恐懼此時看來好像從未存在過。

在水下五噚處的暗綠中追食幼甲殼，史康波瞥見一道明亮的閃光在眼前一晃，緊接著又是一道真珠光，穿水曲折射來，愈靠近天穹似乎光愈密。原來絲線般的觸手又來了，天羅地網般的纖毛在陽光下像著了火。史康波本能地覺著危險，雖然這種長臂櫛水母，所有幼魚的公敵，他以前並沒遇見過。

一根兩呎多長的觸手忽然自長僅一吋的水母身上迅快垂下，就落在史康波的尾巴附近。這水母的觸手上橫生著許多

髮般的細絲，好像鳥羽的羽軸上生滿纖毛一樣。不過水母的纖毛細韌似蜘蛛絲，還會分泌膠水似的黏液。史康波被這許多細絲纏住，可真沒了指望。他掙扎著想逃，鰭拼命拍打、身體拼命擺。觸手穩定收縮、放大，先是細如髮，繼而細如絲，然後又細如釣魚線，慢慢把史康波拉到那水母的嘴邊。現在，他距離那表皮冰冷光滑、在水中微微轉動的圓球只有一吋之遙了。這醋栗似的東西，嘴頂在最上端，髮梳般的八排觸手輕輕打水，保持浮在水面的姿勢不動。自天頂下移的太陽把纖毛映得泛紅，卻幾乎照瞎了史康波的眼睛——他的天敵已經把他高高舉起。

逃出水母魔掌

眼看再一瞬，他便要給丟進這東西耳朵狀的嘴，進入牠的中央囊袋給消化掉；可此刻那水母還正在消化牠剛剛吃下去的食物，沒工夫吃他。牠的嘴邊吐出半小時前抓到的一條幼鯡的後面三分之一，以及尾巴。水母的身子鼓脹得好大，鯡魚太大，沒法整個吞下去。牠用力擠壓，想把鯡魚全部塞進嘴，卻辦不到，只好等待肚子先消化一些，再來吃尾部。至於史康波嘛，就排到更後面了，等吃完鯡魚再說。

史康波痙攣般掙扎，無奈掙不脫觸手纖毛網似的糾纏，他

海風下

的動作愈來愈軟弱無力了。靠著扭動身體，櫛水母無情地拉扯那鯡魚深入牠要命的囊袋，消化素在那裡迅速轉化魚肉，像精妙的鍊金術，變成水母的養分。

一大片黑影擋住了史康波頭頂的陽光。魚雷狀的一個大身體自水中隱約浮現，一張大口網住水母、鯡魚，和那不得脫身的鯖魚。是一條兩歲大的海鱒，牠把櫛水母差不多全是水的身體放在嘴裡，試驗性地拿上顎咬碎，隨即厭惡地吐掉。史康波也被吐出，雖痛累得半死，但總算逃離了那死去的水母。

一叢漂浮的海帶，可能是潮水從海底或別處海岸攜來的，進入史康波的視野。他趕緊鑽到帶葉間，隨它們漂流了一天又一夜。

那晚，一隊幼鯖在水面下游，不知道牠們正越過一片死亡之海。在牠們下面十噚處，堆疊著一層又一層、幾百萬隻的櫛水母。波此幾乎是摩肩擦踵的，在那裡旋轉、顫抖，伸長觸手掃蕩海域，所有的小生物都教牠們吃盡了。有幾條幼鯖那晚誤入深水，再也不見歸來。而當曙光透射入海，如雲的浮游生物和許多幼魚急忙自表層下沉時，牠們也立刻遭到了毒手。

同類相殘

這批長臂櫛水母陣容浩大，綿延達數哩，幸而牠們躺在深

水，甚少浮出上層水域，因為海中生物往往便是這樣分層而居。但第二天夜裡，葉狀大水母 Mnemiopsis 徘徊上層，綠光所至之處，海中小生物岌岌乎危矣。

深夜，瓜水母大軍開到。這是會獵食同類的水母，粉色的囊袋大如男人的拳頭。牠們原本住在一個大海灣，潮水攜牠們來到這長臂櫛水母群棲之處。大水母向下壓住小的，成百成千地把小的吃掉。瓜水母鬆垮垮的囊袋可以大幅擴張，又因為消化得快，極少有裝滿的時候。

早晨再度來到海上時，長臂櫛水母已只餘散兵游勇，但牠們原先佔據的海域出奇的死寂。活口，差不多一個也不留了。

附注：

油鯡：menhaden，鯡和鰣的近親，所有會游泳的大型動物，如鯨、鼠海豚、鮪魚、旗魚、鱸魚等，都以牠為食。人類捕牠們，倒不作食用，而用來製油、餵牲口和作肥料。

鼠海豚：porpoise，小型鯨魚屬，因嘴形圓鈍，沒有明顯的喙，又稱鈍吻海豚。

海風下

第九章　港灣

太陽行經巨蟹座時（約七月中），史康波已抵達新英格蘭外海的鯖魚居地。趁著七月的第一次高潮，他進到一個天然防波堤環護的港灣。本是無助幼嬰的他，任憑風和水流，把他自多少哩外的南方帶來，終於來到幼鯖歸屬的家。

史康波兩個多月大了，身量超過三吋。嬰魚肥圓未修飾的身形，在北游途中已雕琢成魚雷形，肩部蘊藏著勁道，側腹積蓄著速度。他已經披上了成鯖的外衣。他有鱗片，但又細又小，摸起來像天鵝絨般柔軟。他的背是深藍帶綠——是史康波還沒見識過的，大海深處的顏色——藍綠的背景色之上，上半身從背鰭到側腹，又印著不規則的黑色條紋；下半身則閃著銀光。而當他緊貼著水面游動，陽光照見他時，他便反映出彩虹般的七彩。

潮水帶來食物

很多幼魚都住在港灣裡：鱈、緋、鯖，青鱈、青鱸和銀邊魚等，因為這裡食物豐盛。潮水每二十四小時升起兩次，穿過

狹窄的入口，一邊是長長的海堤，另一邊是岩質的海岬。窄口增加了海水的壓力，因此潮來時甚急。迴旋而入的奔潮帶進大量的浮游生物，其他小生物也從海底或岩石上給刮了來。一天兩次，清新冰冷的鹽水入得港來，幼魚便興奮地出來，捕捉大海托潮水帶給牠們的食物。

幾千條幼鯖也在其列。牠們各自在不同的沿岸海域度過生命的頭幾個星期，但最終都來到這港——是海流的交互作用使然，也是牠們隨興漫遊的結果。群居的本能已經在牠們的腦袋裡茁長，幼鯖因此馬上結成隊伍，同進同出。牠們個個都經歷過千里跋涉的辛苦，現在很樂意在港灣裡寧靜度日：沿著水草叢生的防波堤上下盤桓；體察淺灘暖水的擴散；以及，潮來時往外迎接食物，爭食一定會有的好多好多橈足類和小蝦。

沖過窄口的海水，在灣底的洞穴吸磨打轉，推擠成渦成漩，然後在岩石上撞個粉碎。潮水在此行動迅急但不可預期，因為漲潮和退潮的時間在港內和港外不同，內外潮水你推我拉、互相角力，海口的水之競賽因此永無休止。海口的岩石上鋪滿性喜急流的生物，也不管是黑色的凸礁還是長了水草的石稜，牠們附著在上，忙忙伸出觸手或尖嘴，捕捉水中滿布的小動物。

一進海口，水面便成扇形開展。港的東緣是一堵舊防波堤，潮水沿堤而入，撞擊碼頭椿柱，拉扯下了錨的漁船。漫向港的

西半部時，水波映出岸上懸垂的矮橡和杉，岸邊的石子兒被浪打得竊竊私語。灣的北緣是沙灘，潮水薄薄地鋪上去，風在水面上興起漣漪、水面下興起波瀾。

水底花園

灣底多處生著高可及男人腰部的海帶。只要海底有岩石，就會形成水底花園似的景象；此灣岩石特多，在空中的鷗鳥看來，灣底便似鋪排了一塊一塊的草皮，沙底地帶像是草皮間的空地，成群小魚在空地上無休無止地游走，像旅行商隊，閃著綠與銀光，繞圈、岔走、分歧，再合併，或忽地受驚潰走如銀色流星雨。

史康波就是循著潮水的路線進入港灣。他歡欣鼓舞躍過海口，挑比較平靜的水道走，而尋到岩塊間的沙底路徑，直走到舊防波堤邊。堤壁水草密生，像掛著褐、紅、綠交織的壁氈。游到沖刷堤壁的急流間，忽見一條黑啾啾、胖墩墩的小魚，自一團水草中嗖地飄出，嚇得他轉身逸走。那是一條青鱸，牠的族類愛碼頭、愛港口，終其一生都住在這小灣裡，沒事就躲在防波堤和漁船碼頭下邊兒，啃吃巴在椿柱上的藤壺和小蛤，或在海藻間搜尋端足類、苔蘚動物等幾十種小東西。魚呢，只有最小的才會被牠捕食，可是牠的行動迅猛，大些的魚也常受驚奔逃。

史康波沿防波堤上浮，來到一個陰暗、無聲的地方。漁船碼頭的陰影落在水面，一大票幼鯡魚驀地自陰影中飆到他眼前，太陽在牠們身上映出翡翠、銀與銅的光輝。牠們是在逃避一隻住在港中的幼青鱈，這青鱈獵捕所有比牠小的魚，大家都畏之如虎。鯡魚圍著史康波打轉，誘發了這幼鯖魚的又一本能。他側身躍出，橫攔住一條幼鯡的身體，尖利的牙齒深深咬進對方柔膩的組織。他嚙著這鯡下潛，到漂蕩搖擺的海帶頂上，撕扯下幾口魚肉。

史康波拋下剩餘的鯡魚要走，那青鯖卻正轉回來看可還有鯡魚在碼頭暗影下游蕩。看到史康波，牠不懷好意地下劈，但這幼鯖已非稚子，動作迅速，青鱈逮他不著。

貪食的青鱈

青鱈正度過他生命中的第二個夏天。他是冬天裡在緬因州外海出生，還是一吋長的小魚苗時，他便隨大洋水流擺尾南下，去到遠離出生地的大海。稍長大些，鰭和肌肉有了可與海水抗爭的力氣，他回到沿岸淺灘，但仍是在遙遠的南方漫游，捕食結隊來到岸邊的別種幼魚。青鱈是一種兇猛貪吃的小型魚，有時會衝散幾千隻鱈魚苗組成的隊伍，嚇得牠們跌跌撞撞，半爬半癱地躲進海帶叢與岩石堆中。

海風下

單在那天早晨，這青鱈就獵吃了六十條幼鯡。到下午，俗稱沙鱔的玉筋魚結夥鑽出灣底海沙，趁潮捕食，青鱈便在淺灣中忽前忽後地逗弄尖鼻銀身的牠們。上年夏天，青鱈才一週歲時，曾遭玉筋魚追逐，那時他覺得玉筋魚是海中最可怕的魚，選定下手對象便會殘忍地拿尖嘴刺殺。

日暮時分，史康波和幾十隻幼鯖成編組隊形，齊齊躺在水下一噚處的藍灰水中。此刻是牠們一天裡最佳的捕食時機，億萬隻浮游生物正像河流般流經身邊。

灣內的水十分沉靜。是魚兒往上衝，用鼻尖挑破水面，窺視奇異蒼穹的時候；是遠處浮標撞及礁石或過路魚隊，沉緩如鐘擊的聲音隔水清晰傳來的時候；也是潛居海底的動物鑽出洞穴泥漿、放鬆攀附在樁柱上的爪掌，升入上層水域的時候。

最後一抹金光就要遁入地平線下了，史康波的肚腹開始緊張收縮，原來水中滿是沙鱺。這種身長六吋的水中小精靈，棕色的身體中央有一條赤紅的腰帶，自沙中孔穴成百上千地冉冉上升。牠們白天埋伏在岩下暗角或糾結不清的鰻草根部，靜靜不動，若有底居蠕蟲或端足類走近，牠們便刺出硬頭上的琥珀色尖角，逮住對方。底居的小東西若敢在沙鱺洞口勾留，無有得脫其大鋼牙虎口的。

幼魚公敵

沙蠶白天雖是獨霸一方的小惡魔，到晚上，牠們當中的雄性卻會泅上海的銀色屋頂，留下雌性獨守洞穴。雌沙蠶身上沒有紅腰帶，體側的兩排附屬肢也細細弱弱，不像雄性那樣扁平成划板，可為游泳之助。

一夥大眼蝦在日落前進港，後面跟著一批幼青鱈，再後面，更尾隨了一大羣緋鷗。蝦的身體是透明的，但在鷗鳥看來牠們是一片移動的紅斑點，因為牠們的兩側各有一列明亮的斑點。在黑暗中，斑點更發出強烈的磷光。蝦們在灣裡四處奔竄，弄得磷光四射，與水母的鋼鐵綠光混淆不清。不過，這些東西史康波現在都不怕了。

但那晚，有許多奇形怪狀的東西來到漁船碼頭附近、幼鯖列隊躺臥的黯黑而寂靜的水域。一隊烏賊——所有幼魚的宿敵——來了。牠們是春天裡，從度冬的大海進入這小灣的，準備夏天裡吃陸棚上成羣的小魚過活。等魚們產卵、仔魚孵化，會到風平浪靜的港灣裡尋求庇護，那時，餓慌了的烏賊就要挪得更近陸地些。

與退去的潮水反向而行，烏賊靠近了史康波與同伴休息的小灣。牠們行跡詭祕，游水聲湮沒在拍柱的浪濤聲下。牠們衝刺，快似飛箭，刺穿潮水，追索水中閃爍的身影。

海風下

在清晨冷冷的微光中，烏賊發動攻擊。為首的烏賊以子彈的速度衝進鯖魚隊的中間，向右斜刺，不偏不倚地擊中一條魚的後腦袋，在牠頭上切出一個清楚的三角形，深入腦髓。小魚當場斃命，根本不知敵之已至，連害怕的機會都沒有。

幾乎同時，另外五六隻烏賊也攻入鯖魚群中，但第一隻烏賊的衝鋒已驚散了這些幼魚。追逐戰於焉展開，烏賊追著亂闖的魚打，鯖魚亂蹦亂跳、亂扭亂轉——唯有靠著最高的技術和努力，才能逃脫速度飛快的烏賊伸出的觸手。

藏身有術

在開頭的一陣混戰之後，史康波便衝入碼頭的陰影，沿堤岸往上拼命游，躲進長在堤防上的海藻叢。別的鯖魚這麼做的也很多，不然就衝進小灣中間，散入四方。烏賊眼看鯖魚已散，也就沉入港底。到水底，牠們的體色會起微妙的變化，而與底沙混為一體。不要多久，便連眼光最利的魚也偵測不出此處隱藏著敵人了。

鯖魚們漸漸忘了恐懼，又開始獨自一個，或三三兩兩，晃回碼頭邊，牠們原先躺臥等待潮回的地方。牠們一個一個，游經一隻不動聲色的烏賊。忽然一陣水沙飛濺，牠們給抓住了。

烏賊就憑這些戰術，騷擾了鯖魚一早上。最後，只有躲藏在石間海藻叢不出的鯖魚，逃過碎死的威脅。

　　滿潮時，小灣的水鼓搗如沸，原來是玉筋魚奔逃向岸。跟在牠們後面追打的，是一小隊牙鱈。牙鱈長如男人的前臂，細瘦但肌肉結實，下腹部銀光閃閃，牙利如針。玉筋魚自小灣外兩哩處的底沙中鑽出，打算捕食潮水帶來的橈足類，不幸就碰上了這隊牙鱈。牠們大驚遁走，如果逆潮往大海去，可以在寬闊的水域散開，活命的機會較大。但牠們反而順潮入了小灣，入了淺灘水域。

　　牙鱈在後面驅趕牠們，在幾千條不過手指長的細瘦小魚間來回撲趕。躺在水下一呎處輕搖鰭翅的史康波，神經猛的拉緊，感覺到玉筋魚逃亡中斷續發出的振盪，以及追逐在後的牙鱈造成比較沉重的波動。他身邊的水中盡是匆促移動的影子。史康波疾入碼頭凹處，躲在椿柱的水草間。從前他怕玉筋魚，現在他和牠們差不多大，不用怕了，可是水裡好像殺機處處，還是躲起來好。

擱淺的魚羣

　　玉筋魚深入小灣，才發現身下的水愈來愈淺。可是牙鱈窮追不捨，牠們竟不遑顧及，終於千百成群地擱淺在岸上。懷著

海風下

期望，自海口外追蹤而至的鷗鳥，意識到鼓搗的水下發生了什麼事，咪嗚咪嗚地尖叫。看見下方沙灘變成銀色，牠們簡直樂不可支了。黑頭笑鷗和灰翼鮮鷗撲翅而下，竄身入水，叼起玉筋魚，尖叫驅趕繼至的鷗鳥——儘管魚多得吃不完。

玉筋魚在灘頭堆疊成幾吋高，追殺牠們的牙鱈也有幾十隻衝上了岸。潮開始退了，誰也不得脫身。潮退盡時，半哩的海灘盡是玉筋魚銀色的屍身，間雜著把牠們逼上窮途末路的敵人較大的軀體。烏賊受這場大殺戮的吸引，跟進淺水區，飽食那倒楣的玉筋魚之餘，也有不少受困淺灘。現在，方圓幾哩內的鷗鳥和魚鴉都聚了來，與螃蟹、沙蚤通力合作吃魚。到晚上，風和潮聯手，掃淨了海灘。

次晨，一隻黑、白、紅粗條紋的小鳥，停棲在港灣入口的岩石上打瞌睡，潮漲了四分之一，牠才勉強醒來，啄食岩石上的小黑蝸牛。牠累壞了，自遙遠的北方沿海岸南下，一路與意圖吹牠入大海的西風搏鬥。這是一隻紅羽翻石鷸，秋季大移民的先鋒。

七月已盡，八月將臨，西風載來的暖空氣遭遇海上的冷風，港灣遂籠罩著濃密欲滴的霧靄。高讖似笛的霧號聲自港南一哩的岬角響起，穿透迷濛一片的日與夜。每片礁石和沙洲上都響著鈴聲。整整七天，港內的魚沒聽見漁船的引擎聲傳入水中，

海上除鷗鳥與蒼鷺外，別無動靜：鷗鳥在霧中也能辨路，而蒼鷺來碼頭樁柱上棲息，靠的是漁船艙內餌食氣味的導引。

濱鳥羣飛

霧散了，青天碧水的朗朗晴日接踵而至。這些時，濱鳥成群，風吹秋葉般匆匆飄過港灣上空，也似風中秋葉般宣示著夏之終結。

岸與沼的生物早已得悉秋臨的消息，小灣水中的動物則醒覺得晚些。是西南風為牠們帶來秋的音訊。八月底，天色深似鉛，朝岸吹的風攜來雨水。暴風雨持續兩晝夜，傾盆大雨連珠砲般鑿穿海面。雨水壓倒潮水，因此潮來潮去皆只見大湧而無小浪。上漲的潮滿溢到海堤的頂端，打沉了好多漁船，翻滾而下海底，招來魚兒好奇地嗅聞這奇怪的東西。魚們全躺在水下較深處，燕鷗則濕淋淋群集港口岩石上，又憂又悶：雨落如柱，水色灰濛，牠們看不見水下的魚。沙鷗卻在開懷大嚼：暴潮帶進許多受傷或已死的海中生物，夠牠們吃個飽。

風雨才吹打一天，有齒狀細葉的和有氣囊狀莓果的水草便漂上了小灣。第二天，水中更遍浮馬尾藻，是風從墨西哥灣流水面吹進來的。彩色斑斕的小魚也隨灣流自南方漂來，在水草的葉片間嬉耍。牠們出生於熱帶海域，誤隨灣流迢迢北上。在

海風下

與灣流同行的旅程中，多少個日夜，牠們逐水草而居。而今風把水草吹出那南方來的溫暖洋流，小魚也跟著進入沿岸水域。牠們會留下來，但不久便會被牠們不慣的冬寒驟然奪去性命。

水母的致命旅程

暴風雨後，上漲的潮水攜進海月水母。這漂亮的白色水母，此番也是踏上了致命的旅程。去冬剛出生時，細小的牠們像植物一樣，固著在岸邊的石頭上；冬去春來，這小東西身上生出扁平的圓盤，不久變化成會游泳的小吊鐘，小水母長成了。這才進入大洋浮沉，吃岩石間的藻類和海岸邊的貝類維生。有陽光、風也輕柔的時候，牠們會浮上水表，常常在兩種水流交會之處，順風聚成連綿好多哩的縱隊，在水中映出華美的光輝，沙鷗、燕鷗和塘鵝都看得到。

如此過了些時，水母的卵便成熟，牠們把幼嬰藏在袖子般垂在圓盤下方的觸手摺縫和邊緣。也許是育兒這件事太耗神費力，夏末的海面常見牠們頭下腳上翻了車，不知所措地任水漂流。遇上腹餓牙尖的小甲殼類成群而來，牠們難免傷亡殆盡。

如今，西南來的暴風翻攪海水深處，攪出海月水母來。洶湧的浪濤擒住牠們，硬攜牠們往岸邊衝。翻騰鼓盪中，許多觸手折斷、纖弱的身體擦傷。每一次大潮都帶進更多灰色圓盤的

水母，把牠們狠撞上岸邊的岩石。牠們破碎的軀體於是再度成為大海的一部分。可是且慢！要先容牠們的手掌釋放幼嬰入淺水區才行。這樣，牠們的生命循環才算完成；這樣，牠們的殘軀雖由大海收回另作用途，牠們的下一代卻會在石頭和貝類身上定居過冬，到了春天，又會有一批小吊鐘自海中升起，漂浮出去。

附注：

馬尾藻： sargassum，是一種熱帶褐藻。

大眼蝦： big-eyed shrimp，蝦形的甲殼動物，因為身體幾近透明，顯得兩眼特大，而得此名。身上磷光點的數量和排列法，隨種類而有別。牠們成群出現在海表，後面總跟著大群魚，有時還有極多的鷗鳥。

海風下

第十章　航線

黑夜的時數與白晝等長。太陽越過天秤座，九月的月亮細淡成一絲微影。潮水灌入海口，衝向港灣時，尖叫著擊上岩石、跌退下來，又返回它所來自的大海。日復一日，它帶走愈來愈多的港灣小魚。終於有一夜，大潮激發了幼鯖史康波一種奇異的不安之感。那晚的退潮便攜同他出了海。不只他，在港中度過夏末的許多鯖魚都一起走了：一隊幾百條，全都長逾人掌、優美結實。港灣的快樂生活拋諸腦後，自今至死，牠們將悠遊大海，四處為家。

海中新生活

鯖魚隨退潮出海口，一陣急流沖刷，便過了港口的岩石區。水變得澀口的鹹，既清又冷；因為在翻滾過岩石和沙洲時碎裂成水屑，表層含氧豐富。鯖魚便在此水層中歡喜跳躍，從鼻尖到尾鰭都興奮得顫抖——牠們急切地要進入等在前面的新生活。在海口，鯖魚群經過海鱸黯黑的身軀。海鱸在潮中巡弋，要捕

食被浪頭打下岩石的小甲殼，或沖出洞穴的沙蠶。鯖魚急奔而過，銀光閃動，溜過牠黑壯的身影。

出得港來，潮水的脈動穩定些，也沉重些，把鯖魚帶入較深的海域。從這裡開始，海階一大步一大步，降入深海的大盆地。鯖魚在沙洲或礁石附近游動時，常會察覺身下的水流在拉扯牠們；可是水愈深、海底離牠們愈遠，水流過沙地或貝殼或岩石的波動愈與牠們不相干。牠們聽到的聲韻與聲波全來自近旁的水，沒有別的。

幼鯖整隊行動，猶如一體。沒有誰是領隊，可是個個都清楚知道別個的存在與行動。游在隊伍邊緣的鯖如果向左或向右移，或加快或減慢速度，全隊的鯖也會跟著做。

當漁船的陰影突然橫過牠們的路徑，牠們會受驚而猛地轉彎。不只一次，牠們碰上插設潮中的漁網，嚇得一陣亂跳，幸而牠們還小，網孔留不住牠們。有時黑夜的水中冒出暗影，有一次，一隻本來在捕食鯡魚的大烏賊發現牠們，展開一場大追逐，雙方在那群嚇壞了的兩歲鯡中間穿進穿出了好一陣子。

出港約三哩處，鯖魚意識到身下的水又變淺了：牠們游近了一個島。這島被海鳥佔據著，燕鷗在沙灘上築巢，鯡鷗在灘李與楊梅叢下、也在俯瞰大海的平岩上育雛。水底一長條暗礁，自小島延伸出海，漁人稱之「波紋礁」，海水在此破裂成浪、

海風下

粉碎成沫。鯖魚由此經過時，幾十尾青鱈正在潮中爭逐嬉鬧，牠們的身體在初升的新月下映出白光。

遭遇鼠海豚

小島與暗礁都漸漸遠去，鯖魚隊忽地一陣慌亂，原來五六隻鼠海豚升上水面來換氣，恰好鑽進鯖魚隊伍中間。鼠海豚本在海底沙地，翻掘藏在裡面的玉筋魚為食，牠們一發現自己鑽進了鯖魚隊，立即噘起尖嘴，衝向這些小魚，輕易便捉著幾條鯖。但整隊鯖魚迅即驚走，而牠們也並不追趕：牠們已經吃飽了玉筋魚，飽得不想跑了。

曙光微露時，鯖魚隊已出海好多哩遠，牠們首次遇上比較大的同種魚：一隊成鯖在海面迅速游動，激起重重漣漪。牠們用口鼻破浪，眼睛則急切地觀察水與天的世界。成鯖與幼鯖，兩支隊伍行進路線交叉之時，一度混成一體，但隨即分道揚鑣，各奔海中前程。

沙鷗早早便起身，自沿岸小島的居處前來巡弋大海。水面發生的事情固然逃不過牠們眼下，等太陽升高，不再有水平的射線在水上反光之後，牠們更能看穿水下。這會兒，牠們便看見幼鯖隊伍在水下一呎處游動。再朝東，約五六波浪峰之遙，牠們見有兩面黑鰭，鐮刀也似地破水而出。居高臨下的沙鷗，

看得出那是水下一條大魚露出的背鰭與尾鰭上部。是一條旗魚，由長劍似的嘴尖到尾巴全長十一呎。這魚常在水面下靜止不動，可能是拿牠旗幟般的背鰭測試海面波浪，以決定向風的航向。這樣，牠就一定可以遇上順風漂流的浮游生物羣，以及與牠們同行、以牠們為食的魚羣。

自空俯瞰旗魚和鯖魚羣的沙鷗，又看見東南方一陣大騷亂由遠而近。好大一羣大眼蝦乘大潮而來：因向陸吹襲的風助長，潮流來勢洶洶。沙鷗常見大眼蝦追噬更小的浮游生物，這回卻並無這類生物在前，可蝦們也不是隨波悠游：牠們是在逃避水中什麼東西的追擊，這東西張著大嘴，樣貌可怖。原來是一隊鯡魚，跟在後面捕食蝦羣。蝦們使出每一條游泳肢的全力，拼命地游，但追者與逃者之間的距離愈來愈短。一條鯡張嘴要吞，前面的蝦卻鼓起透明身軀的餘力，縱出水面。鯡緊追不捨，蝦雖再三縱跳，終難逃已圈定目標的鯡之吻。

旗魚長劍

隨風逐流，蝦與鯡都向陸去。鯖魚自東北與牠們迎面碰上，更有旗魚，自西北躡足貼近。大眼蝦隊的邊緣遇上幼鯖，鯖即忙不迭吞噬起來。這食物比牠們以前在港灣裡吃的要大。可是不一會兒，牠們發現自己處身於鯡羣之中。比牠們大的鯡疾疾

海風下

而行，嚇著了牠們，牠們遂匆匆逸往深層之水。

　　沙鷗看見那兩片黑鰭沉入水下，也看見那旗魚的身影在鯡羣下方移動。接下來發生的事，由於四濺的浪花遮擋，沙鷗看不清楚，可清楚知道是殺戮。牠們降低高度，翅膀短擊，看到黑沉的一大片影子，在密層層鯡魚羣中打轉、衝刺、猛攻。海水起泡、泛白，又趨於平靜，水面浮出十幾二十條鯡魚，全斷了背脊骨，另外還有許多鯡魚有氣沒力、歪歪倒倒地划動，好像是讓旗魚的長劍劃傷。那大魚此時不慌不忙地，拿牠不大有力的下顎，輕鬆撈起這些鯡，不過還是遺漏了很多死鯡，便宜了撲身而下撿現成的沙鷗。

　　那大魚宰殺夠了、吃撐了之後，浮上水面，太陽曬暖了的海水泡得牠瞌睡起來。鯡羣已逃至較深海域，沙鷗遠颺，到更開闊的大海上，看看有什麼東西自海中冒升。

　　五噚深處，幼鯖群遇上一大片幾百萬隻深紅色的小橈足類，在潮流中載浮載沉。這種小橈足類，名叫Calanus，鯖魚最愛吃。等潮流緩了、弱了，承載不動這些浮游生物了，那片紅色的雲便沉下去，魚也跟著，進入較深的水層。不過是一百呎深的樣子，鯖魚發現已觸及碎石的海底。原來是海底山脈的山頂平台，或說高原地帶。這山脈蜿蜒向南，與自西而來的另一條山脈在此相遇，形成一個半圓形的脊嶺，中間包裹著深水。漁人因其

形狀，稱之為「馬蹄灘」，就在此安置排鈎，釣捕黑線鱈、單鰭鱈等，有時也用漁船拖著漁網越灘而過。

海溝邊緣

鯖魚過得淺灘，發現身下的海底緩緩下降，大約在五十呎低處，便到了中央海溝的邊緣。這裡下去三百呎深處的溝底，再不見碎石和破貝殼，而是軟黏的泥。很多叫做無鬚鱈的魚住在溝底，摸黑捕食，在泥塗中拖曳牠們敏感的長鰭而行。鯖魚，本能地避開深水，轉身攀坡而上淺灘，探索這個新奇的世界。

鯖魚不知，牠們游過淺灘時，許多雙眼睛自沙底注視：是鰈魚，或稱比目魚，扁平的灰色身軀上鋪一層薄薄的沙，想吃牠的大魚固然看不見牠，牠想吃的蝦和蟹也看不見牠。當蝦蟹等物疾疾游過海底時，很容易落入牠口。比目魚的大嘴巴裡長滿尖牙，牠有時也吃魚類，但鯖魚太靈活，牠們懶得從隱藏得那麼好的地方爬起來追。

幼鯖在淺灘上活動時，常有一條壯碩的大魚，划動牠高而尖的背鰭，機警地游近，一閃而過，又消失在幽暗之中。是黑線鱈。馬蹄灘富產貝類、棘皮動物和穴居的蠕蟲等，都是黑線鱈愛吃的東西，所以黑線鱈很多。鯖魚常看見十幾二十條黑線

鱈像豬似的用口鼻挖掘沙地，是在挖掘沙蠶，牠們肩上有「魔鬼記號」之稱的黑斑與側腹的黑條紋在微光中特別醒目。幼鯖慌慌張張打牠們身邊逃去時，牠們只管挖沙，理也不理，因為只要沙底動物夠吃，牠們鮮少吃魚。

一次，一個蝙蝠樣、足有九呎寬的大東西自沙底現身，貼地拍打牠薄薄的身體。那模樣太邪惡、太恐怖了，幼鯖嚇得急往上升了幾噚，直到再看不見那名叫刺魟的東西為止。

鐵鉤上的鯡魚碎片

在一片陡峭的岩礁前，牠們遇見一種陌生事物，在水中搖擺。它隨潮漂移，卻沒有自己的行動能力，可是它散入海中的氣息又分明說明它是魚類。史康波湊近了去嗅（是掛在大鐵鉤上的鯡魚碎片），嚇跑了本在啃食這魚餌的幾條小杜父魚——魚餌太大，小杜父魚吞不下。鐵鉤上方，一根細黑線牽向更長的一根線，自一哩外水平延展過來。史康波和同伴在海底高原巡游時，見過很多這種帶餌的鉤，都是短線上接拖網繩。有些鉤上掛住了黑線鱈之類的大魚，在那裡緩緩翻滾扭動。有個鉤子掛住一條大單鰭鱈，這三呎長的魚強壯結實，一直獨居在淺灘，多半時間藏身淺灘外緣岩石上的水草叢間，鯡魚餌的氣味吸引牠出來，吞下了鉤。掙扎中，單線鱈繞釣線縱跳了好幾圈。

幼鯖逃離這怪異的場景，單線鱈則被緩緩往上拉，拉向水面上一個模糊的影子，彷彿水面上有一條可怕的怪魚似的。漁人在收線，划著船一個一個地收。如果鉤上有魚，他們便用一根短棒一打，把那可上市賣錢的魚打落船底，不能賣的魚則丟進海中。潮水已經開始回漲一小時了，有些漁線雖才放入水中兩小時，也不能不趕快收起。馬蹄灘附近水流強勁，只能在潮弱時設鉤和收線。

鯖魚來到淺灘靠海的邊緣，岩壁自此陡落五百呎以下的海底。這灘的外緣全是堅固的岩石，經得起大洋海水的衝撞。史康波經過岩壁邊緣，在深藍的海水中，發現岩壁距頂二十呎處，有一片橫伸出來的裂岩，棕色皮革似的海帶生長在縫隙間，緞帶似的葉片直伸出二十呎以上，擺盪在遭岩石阻擋而更顯強勁的水流中。史康波在海帶葉片間嗅聞著前進，把岩隙內一隻龍蝦嚇了一跳：本來她躲在海帶間，過往的魚看不見她。她的身體下，腿腳纖毛上攜了幾千個卵，要到來春才會孵化，因此這段時間她要嚴防哪個饞餓好事的鰻或青鱸尋到她，剝下她腿上的卵。

岩隙鱈魚精

順著裂岩走，史康波忽然碰見一條六呎長的岩鱈——重兩百磅，簡直成了鱈魚精了。牠住在狹道中、海帶間，憑著機智

狡猾，活到這麼老、長到這麼大。好幾年前，牠就發現這深海中的裂岩縫隙，直覺知道這是獵食的好地點，於是據為己有，兇惡地趕走其他的鱈。牠多半時間都躺在裂岩上，那兒一過正午，就拉出深紫色的陰影。他伏在陰影中，別的魚一游近岩壁，他便可一躍而出，逮住牠們。許多魚都葬身他的齒下，其中有青鱈，有尖耳朵的杜父魚，有海烏鴉、比目魚、魴鮄、鯛魚，還有鰩。

看見這幼鯖，巨鱈從半昏睡狀態清醒過來。自上次捕食以後，他一直昏昏沉沉，如今醒來，他頓感腹中飢火燃燒。他搖擺沉重的身體，從裂岩銳升，來到淺灘。史康波在他前面奔逃。鯖魚一夥正隨著一股水流上升，史康波重返隊伍，牠們立刻察覺危險，巨鱈的黑影一出現在岩壁邊，鯖魚群已經逃過淺灘那邊去了。

巨鱈在馬蹄灘上東悠西轉，吃住在海底或路過海底的任何小東西，不管牠有殼沒殼。他驚起躺在沙底的比目魚，嚇得牠們急忙逃竄，他便在後緊追。他也吃自己同類的幼魚，這些幼鱈剛剛結束在水表的生活期，降至海底展開成鱈的底棲生涯。他還吃了幾十個大海蛤，殼也不剝地吞下：蛤肉消化後，他會排出蛤殼。不過他腹中常常積存十幾個大蛤殼，整整齊齊堆成一疊，好幾天不得排出。找不到海蛤可吃了，他便鑽進厚墊如茵的角叉菜中，搜尋深藏在它彎曲葉片間的蟹。

拖網

一哩外，馬蹄灘的另一邊，鯖魚隊發現水中有一種奇異的攪動，是牠們在港灣或更早的生命中未曾經驗的。這振動像是沉沉的砰然重擊，沿著牠們敏感的側腹傳來。不像是水擊岩壁，不像是浪激潮峰，但幼鯖在牠的經驗裡尋不出更接近的情況。

攪動愈來愈激烈，一小隊鱈魚匆匆而來，朝淺灘外緣游去。其他的魚，先是一條一條、然後是一小隊一小隊，紛紛都來了：蝙蝠似的大刺魟、黑線鱈、岩鱈、比目魚、大比目，全朝著海溝邊游去，逃離那攪動的中心。

一個巨大、黑沉，活像巨型怪魚的東西，前端整個是一個張開的大口，出現在海中。一看到這圓錐形的網，原本被那震動和魚群嚇呆了的鯖魚隊，突然整體一致行動，扭轉身，穿透漸清漸白的水，把淺灘那幽暗奇特的世界拋在腦後，回到牠們所屬的表層海域。

至於淺灘的魚呢，牠們沒有這樣的本能，引導牠們逃向陽光充裕的水層。拖網拖過馬蹄灘，網住幾千磅可吃的魚，也網住好多好多海星、明蝦、螃蟹、蛤貝、海參，以及白沙鰻。

裂岩上的那條老巨鱈，在拖網正前方移動。拖網這東西，老鱈見過不止一次——不止一百次了。網的巨口緊跟在他身後，收口的纜繩直伸出水面，伸向網上方一千呎高處的一艘船。

海風下

鱈魚笨重的身軀在海底輕快地游著，眼見前方的水色變深，表示深溝就要到了，也就是他所居住的、深溝上方的裂隙已在眼前。拖網的網口磨擦到他的尾鰭，他奮起全身之力，一躍而下那一片藍色空無，正正落在二十呎下的突出裂岩上。

　　老鱈穿過海帶搖擺的棕色葉片間，感覺到身下岩片的光滑表面。電光石火間，拖網刮過海溝邊緣，跌落深溝之水去了。

附注：

拖網：otter trawl，拖過海底的圓錐形大網，長約一百二十呎，網口寬約一百呎。拖行時，網口離地約十五呎

杜父魚：sculpin，形貌奇特的小型魚，身體前寬後細，頭寬大粗厚，鰓蓋有刺棘，鼓起如鉤，胸鰭大且呈扇形。

黑線鱈：haddock，住在海底的一種鱈魚。有紀錄的最大黑線鱈長三十七吋，重二十四磅半。

第十一章　海上秋暖

　　秋海的氣氛，在三指鷗的叫聲裡透露。三指鷗俗稱霜鷗，十月中起成群降臨。牠們成千上萬，在水面上迴旋而過，時而曲翼陡落，捕食穿透那片橙綠而出的小魚。牠們來自北極區沿海及格陵蘭冰帽，在那兒的高岩築巢。今年的第一陣冬寒之氣與牠們同時南下，籠罩住灰暗的海面。

秋來的消息

　　秋來海上的消息，也從別處透露。九月起從格陵蘭、拉布拉多、基偉廷（Keewatin，加拿大北方諸島）和巴芬島（Baffin Island）等地，如空中細流般飛來的大洋群鳥，此刻聲勢壯大成鳥的洪流，急欲飛返大海。其中有塘鵝與暴風鸌、獵鷗與賊鷗、短翅小海雀與瓣蹼鷸。整個陸棚海域的上空全布滿牠們的隊伍，因為這淺水帶的表層有魚在游，有浮游生物在啃食海草。

　　塘鵝是食魚的鳥，在天空掃瞄大海，展開的翅膀和身體像白色十字架。一看見有魚露面，牠們便從一百呎的高空俯衝而

海風下

下。牠的皮下有氣囊墊，沉重的身軀撞擊海水也不虞震傷。暴風鸌吃成群小魚、烏賊、甲殼動物、漁船丟棄的殘渣，能從海面取得的任何食物都吃，因為牠不像塘鵝能潛水。短翅小海雀和瓣蹼鷸都吃浮游生物，獵鷗和賊鷗則偷盜為生，能偷便偷，鮮少自己捕魚。

明春之前，這些鳥不會回返陸地。牠們要在海上過冬，共享海上的白晝與黑夜、暴風與寧靜、霰與雪、陽光與迷霧。

九月間離開港灣的鯖魚，如今半歲大了。起先牠們怯怯地住在大海上，覺得大海茫茫，難辨方位。在封閉的小港灣待了三個月的牠們，習慣隨潮水的起落旋律作息：漲潮時進食，退潮時休息。現在，潮水雖依舊受太陽與月亮的牽引，在海表來回往復，幼鯖卻幾乎察覺不出。牠們覺得潮水遺落在浪濤中了。牠們不熟悉大洋上各種不同路徑與鹹度的海流，牠們想再尋一個像港灣那樣安全的庇護所，卻尋不著；漁船碼頭下的陰影？葉片如林的海帶叢？都不見蹤跡。牠們只好鼓起勇氣，繼續在無垠的碧波中前進。

半歲「大頭釘」

大洋食物豐富，離開港灣以來，史康波和其他的幼鯖都長大許多。牠們現在身長八到十吋，漁人把這麼大的魚叫做「大

頭釘」。剛到海上來那幾個星期，幼鯖穩定向北、向東行進。在那較冷的水域，牠們最愛吃的紅色橈足類漂浮在大洋上，把多少哩的海面都染成一片深紅。十月一天一天過去，幼鯖離岸愈來愈遠，牠們發現自己常常跟成鯖混在一起了；這些成鯖，是過去十幾年間先後孵育出來的。秋天是鯖魚大舉移動的時候：這是夏季大移民的回流，夏間北赴聖羅倫斯灣和新斯科舍沿岸的魚，現在往南退回。

夏天積蓄的熱量，慢慢自水中消解了。本來共同組成浮游生物群體的小蟹、小蚌、小藤壺、小沙蠶、小海星、小甲殼，幾十種小東西都不見了。原來在大洋中，春和夏才有小生命出生；秋天，即使出現小陽春的回暖天氣，也只有最簡單的生物會趁機再造生命，但一造便是幾百萬個自己，在海上構成短暫的燦爛。這裡面包括小如針孔的單細胞生物，它們也是海上的主要光源。角甲藻，長了三個醜怪尖角的原形質，會在十月的暗夜之海上放出點點銀光。它們的數量極多，在大片海域上鋪了厚厚一層，風都吹不太動。還有人眼勉強可見的小圓球夜光藻，每一個的身體都曖曖內含光。秋天它們極盛時，每一條來到它們密集區的魚，都被它們照得通明；打在礁石和沙洲上的浪碎裂開來，濺出流質的火。漁人的槳每一划都像火炬一閃，在黑暗中放著光。

海風下

會發光的刺網

有一個這樣的晚上，鯖魚碰上一面廢棄的刺網，有浮標的網口在水面擺盪，網身則垂直入水，像一面巨大的網球網。網孔夠大，幼鯖鑽得過去，不過更大的魚就會被卡在繩圈上了。今晚沒有魚會冒失地鑽進網去，因為網上掛滿了小小的警示燈：會發光的原形質、水蚤和端足類聚集在繩結上，海洋的脈動激發牠們身體裡的物質，在黑暗的海中發出無數的閃光。那是千千萬萬個海中小生物——細如微塵的植物和比沙粒更小的動物——在浩淼無窮的大洋中，由生至死漂漂蕩蕩，偶然間，抓住這廢棄的刺網，遂當它是無定世界中的恆定實體，攀附住它，用原始的纖毛、觸手和腳爪攀附住它。刺網遂發起光來，彷彿它自己有了生命；它的光芒照射在沉暗的海中，也照射進更沉暗的海之深處，吸引了許多小生物，自深海升起，聚集在網上，停留一整夜。

鯖魚好奇地嗅聞那網。牠們彈動網繩，網上的浮游燈便燃燒得更亮了些。鯖魚順著網巡游了一哩多遠：網是一個接一個排成一列的。也有別的魚碰觸那網，有的在啄食網上的小生物，但誰也沒有讓網掛上。

有月亮的晚上，浮游動物的光會在月光下失色，很多魚因此沒看見那網，而一頭撞上去。置網的漁人知道這情況，因此

總在皎潔的月下收網。那網是兩週前放置的，彼時月剛由盈轉虧。那幾天，有兩個漁人駕駛柴油漁船，常來照管。後來有一夜，海上風狂雨驟，漁船自此不曾再來，原來是在一哩外的沙洲上觸礁了。海流帶來一片撞碎的帆桅，杵在網上。

浮木掩體

被放任自主的刺網，夜復一夜地捕魚。只要有月光，便會有魚上網。狗鯊發現了，蜂擁而上，爭搶魚吃，把網拉扯出好些大洞。月光黯淡了，浮游燈便明亮起來，魚也不再上網了。

一天清晨，鯖魚隊向東游去，史康波看見在他上方有一個長條黑影，是一根浮木順水漂流；又有幾條小魚在黑影邊緣移動，銀色的鱗片閃閃發光。他游上去看看是怎麼一回事。浮木是一條貨輪上掉下來的，貨輪載著一船木材，由新斯科舍往南開，在鱈魚角外海遭遇強勁東北風，撞上淺洲而翻覆，木材大都順風漂至岸邊，也有的漂到外海，落入洋流之手，順時鐘繞漁場打轉，成為空曠大海上唯一的一種掩體。這圓木喚起史康波對漁船碼頭的記憶，想到港灣中下了錨的船曾經給予他安全的防護，讓他免遭沙鷗、烏賊以及其他兇猛大魚的攻擊。他和那群小魚一同在圓木周遭嬉戲，一時之間渾然不顧鯖魚隊伍的

海風下

行動。

不一會兒，五六隻南遷的燕鷗也飛來，翅膀急拍，尖爪緊扣，在圓木上站定——圓木上已然長滿苔藻，會打滑了。這是燕鷗昨天離開北方一片沙灘以來，第一次有機會歇腳。牠們不敢在海上駐足，因為燕鷗，雖然靠海為生，畢竟不是海的子民。海，在牠們眼中是奇怪的東西，牠們為了捕魚，常常不得不鼓勇拼死，與海作短暫接觸，可是牠們決不願意在海上將息自己疲憊的身體。

移動的波峰滑過圓木前端的下底，把它輕輕抬起，又很快移走，任它滑落波谷。它就這樣在海上翻滾挪移，七條小魚緊跟在它身下，燕鷗搭乘其上，像船上的水手。在大海中央休息，舒舒服服地任圓木攜帶運送，燕鷗且整理起自己的羽毛來了。牠們伸展雙翼，高舉過頭，放鬆倦怠的肌肉，有幾隻竟睡著了。

搶奪死烏賊

一小群海燕來到圓木近旁的海面，姿態優美地貼著海飛。牠們的聲音極細極柔，總像是在輕喚牠們自己的名字：「匹特樂！匹特樂！（海燕英文名 petrel）」。這些海燕是來察看一小團浮游生物，原來它們在吃一隻死烏賊漂浮的身體。海燕這

廂才剛聚攏，那廂一隻大剪水鸌也從半哩外唰的飛來，高叫著衝進小鳥群中。牠興奮的叫聲引來幾十隻牠的同類，紛紛趕到現場。片刻前彷彿還空無一鳥的海與天，剎時間擠滿了牠們。剪水鸌砰然入水，翅膀猶拍擊水面，嚇走海燕和其他較小的鳥。第一隻剪水鸌已叼住烏賊，尖叫著禁止同伴接近。烏賊太大，不能整個吞下，但這剪水鸌硬要往下吞，誠恐一旦鬆口便不復擁有。

忽然一聲銳鳴自風中傳來，一隻棕黑色的鳥咻地鑽過剪水鸌群。是獵鷗。牠掃過緊叼住烏賊的那隻鳥，滑上天空，又盤旋下降，騎在那隻鳥身上。剪水鸌鑽進水中，拍打翅膀，又衝入空中，一邊努力擺脫獵鷗，一邊用力吞嚥烏賊。突然一大塊烏賊掉落，還未入水便被獵鷗攔下。這海盜鳥一口吞下臟物，施施然越水而去，留下所有的剪水鸌，又氣又惱地在那裡亂轉。

濃霧蓋滿海面

黃昏之前，濃霧像厚毯似的，蓋滿了海面，厚度恰如剪水鸌慣常巡弋的飛行高度。本來一片金綠的海面，於是蒼白成既不溫暖也無色彩可言的灰濛。太陽不見了，海下的小動物循例升上來，也帶來了以牠們為食的烏賊和魚類。

海風下

霧之後，是一整個星期的風雨。鯖魚躲開海面的波濤，安居在較深的海中。這深度比牠們平常的遊憩範圍要深，但仍屬於海的上層，因為牠們正好通過陸棚外面的深陷盆地。一週的風雨將盡時，牠們游到了盆地的外緣，看到峰峰相連的海底山脈，一路延伸到大西洋深處。

秋之風暴消退了，太陽又露了面。鯖魚脫離幽深之海，回到水面覓食。牠們通過海下山脈的高脊，海在那裡激烈衝擊，雖未碎裂卻翻滾攪動。這樣的震動讓幼鯖很不舒服，牠們遂翻身向下，往深處尋求安寧。

幼鯖沿著一面黑沉的峭壁游，峭壁下是億萬年前就形成的深溝。在這海下山谷的兩壁之間，是一汪碧色的水。陽光穿透澄澈的水，山谷西壁便出現深藍的暗影。陽光所至，有一片片亮綠的海帶林，長在棚架似的突岩上。下方光線昏暗處，則有一塊尖銳的岩石寶塔般伸出，顏色特別鮮明。

一條海鰻就住在突岩上。這突岩與峭壁上一道裂縫相參差，遇到難纏的敵人時，海鰻便躲進裂縫去。有一條藍鯊偶然來谷中漫遊，會跑到突岩上攻擊那身體肥厚的鰻。還有一隻鼠海豚，也會沿著峭壁搜尋獵物，每一塊突岩牠都探頭瞧瞧，每一個隙縫也都鑽進去看看。不過這些敵人都還沒有能捕獲這鰻。

岩穴中的大妖怪

鰻的小眼睛看到鯖魚身體的閃光：牠們游近這突岩了。牠用強大的尾巴扣住穴壁，肥大的身軀往凹處縮了一縮。鯖魚隊來到穴口，史康波往峭壁逸去，察看聚在一小片突岩上的一團端足類。那鰻立刻放開穴壁、伸直身體、衝向洞外。這大妖怪這麼一現身，鯖魚隊嚇得馬上加速逃開，但專心察看端足類的史康波卻沒注意。等他發現，大鰻已到眼前。

兩條魚沿著峭壁你追我趕——鯖細而瘦，陽光下發出虹光；鰻身長有一個人高，土褐色的身軀像消防水管。小動物看見大鰻來到，全趕緊躲到水草間或鑽進小洞裡。史康波在岩壁間竄上竄下，最後鑽進一片水草密生的突岩，可把躺在水草上方曬太陽的兩條青鱸嚇了一大跳——牠們也趕緊躲進水草叢去了。

史康波靜躺著不動，鰓蓋急促開合。後來他聞到順岩壁而來的水流帶來大鰻的氣味：大鰻正緩緩沿著峭壁走，探嗅每一個隙縫，看有沒有小魚躲藏其內。史康波受不了這氣味，轉身又出了藏身處，往上攀升。大鰻瞥見他的身影一閃，回身就蓄勢待追，但已落後二十呎遠。鰻通常不去空曠無隱的朗朗海域，牠是屬於岩隙、屬於黑暗、屬於海中巨穴的動物，牠的行動遲緩、舉棋不定。就在此刻，牠的凹陷的小眼睛就看見十幾條灰色的魚飄射過來，牠本能地轉身逃往身後不遠處、牠在岩縫間

海風下

的庇護所。那是一隊狗鯊，迅速敧身上來。這種小型鯊兇惡又嗜血，牠們把大鰻團團圍住，轉瞬間就把牠撕成無數碎片。

其後兩天，狗鯊不斷成群蝟集這塊海域，捕食鯖魚、鯡魚、青鱈、油鯡、岩鱈、黑線鱈、單鰭鱈等等，見到什麼就殺什麼。史康波的隊伍，在第二天便不堪其擾，遠下西與南，在許多海底山脈與幽谷間漫遊，鯊魚蹂躪的海域便被牠們忘懷了。

星星點點的海域

那夜，鯖魚通過一片星光滿布的水域。光來自一種一吋長的蝦，牠們的眼下有一對光點，下腹及尾部又左右各有一排。因此，蝦在游泳時展開尾巴，便像有後照燈，照見身後與身下的水域。這麼一來，牠們大約比較看得清楚小端足類、小蝦、小螺，以及單細胞的植物與動物吧。牠們捕獲獵物，總是用帶刺毛的前肢抓住，尾巴打水游開去。鯖魚跟隨蝦尾之光，輕易找到豐富的食物。

黎明時，第一線天光便沖淡海的黑暗，海上小燈一盞一盞滅了。鯖魚游向旭日，很快發現附近有大群軟翼海螺。清晨的陽光水平射來，海螺如雲如霧，躺成一片，遮蔽了鯖魚的視線。可是太陽升起一小時後，光芒斜射入海，水中便盡是眩目的光點：軟翼海螺的身體透明纖美如最精緻的水晶玻璃。

那天早晨，鯖魚游了好幾哩，才脫離那片懸浮沙洲般的海螺。途中，牠們不時見到鯨魚張開大口，劃過這軟體動物的隊伍。鯖不是鯨魚追獵的對象，牠們只須避開那龐大、深色的身軀而行便可。可是海螺，給鯨魚吃下幾百萬隻也不止，卻渾不知這巨獸在捕食牠們。螺有永不饜足的胃口，在海上安安心心地進食，直待那巨嘴將牠們吞下、隨水沖下魚腹，牠們才知這恐怖獵手的存在。

在海螺身下行，史康波看見一條非常大的魚更在他之下，可以感覺那魚身後水流的激動。但牠來似青煙去無蹤，史康波不一會兒便忘了牠，眼前又只有鯖魚隊和海螺澄明的小身影了。又過一會兒，他感覺身下幾噚處水波翻攪，鯖魚隊游在下方的都急忙往上跑：十幾隻大鮪魚攻擊鯖隊，戰略是先潛入鯖魚下方，逼牠們浮上表面。

鯖魚隊伍大亂，鮪魚在中間穿梭追逐，鯖魚慌亂愈甚。前後左右都無路可逃，下方也有鮪魚守著。史康波和他的同伴不顧一切拼命往上鑽，鑽出海螺群。他感覺得到一條大魚跟在他後面攀爬，速度比他更快。他感覺到那五百磅重的鮪魚從旁噬咬他的側腹。他衝到水面了，鮪魚仍在窮追。他躍入空中，落返入海，又跳、再跳。空中有鳥以喙刺他，是沙鷗，聽到破水聲便知鮪魚在獵食，急忙趕來作海空夾擊。牠們的尖叫聲與魚兒落海的飛濺聲相互呼應。

史康波躍出水面的距離愈來愈短，也愈來愈費力，落下的時候，他是筋疲力盡地把自己重重摔下。有兩次他險些落入鮪魚之口，多次他眼見同伴被敵人吞吃。

剃刀似的高鰭

但鯖魚和鮪魚都沒有看見，一面高大的黑鰭自東方移近。在這第一面鰭的東南方約一百碼處，又有兩面剃刀似的鰭，每一面都有一個大男人高，正快速地划過海面。三頭殺人鯨被血腥味吸引，越海而來。

史康波忽然發現海水滿是更嚇人的東西。他更加驚慌而用力拍打尾巴。三頭二十呎長的鯨魚正對最大的一條鮪魚發動攻擊，像群狼般撲向牠。史康波趁隙逃走，留那大魚枉然地掙扎求脫。眨眼間，他周遭的水中再無鮪魚追殺鯖魚，因為除了遭圍攻的那條以外，所有的鮪魚一見殺人鯨便逃逸無蹤了。史康波沉入深海，大海恢復了平靜與青碧，他也回歸覓食的幼鯖隊中，又看到四周軟翼海螺透明如水晶的身體了。

附注：

賊鷗；skua，大海上的海盜鳥。

短翅小海雀：dovekie，善潛水，能在水下用翅游泳，不像牠的遠親潛鳥（loon）用腳游。

暴風鸌：fulmar，生活在大洋上，因在暴風雨中特別活躍而得名。

軟翼海螺：pteropod，蝸牛的近親，但外貌與習性皆與蝸牛大不相同。生活在空曠的大海上，用上層軟足優雅地游泳。有些軟翼海螺的殼薄得像紙，有些根本沒殼，而且有漂亮的顏色。常被鯨魚大量吞吃。

角甲藻：ceratium，直徑百分之一吋單細胞生物，一般認為它是動物，其實是植物或動物還很難說。能發強烈磷光，聚得多時一遇碰觸便熒熒如火。

夜光藻：noctiluca，與角甲藻同大，也被視為單細胞動物，也是海上的主要光源。夜間放出強烈磷光，白天則把海染成紅色。

海風下

第十二章　曳網

　　那晚海上磷光特別輝煌，許多魚都在海面進食。十一月的寒意催促牠們加快行動。一隊一隊的魚破浪而行，也衝撞了數以百萬計會發光的浮游動物，激使牠們發出燐燐的冷光。這無月的夜晚遂被一團一團的閃光打破了黑暗。閃光漂浮不定，時而光輝耀眼，過些時又黯然消逝。

　　史康波與五六十條幼鯖一起漫遊，看見前方的黑暗中閃爍著銀光：是一大隊成鯖正在吃蝦，蝦則在追逐端足類。幾千條鯖魚緩緩隨潮浮移，牠們所在之處都籠罩著一片朦朦的光，因為牠們的一搖鰭一擺尾，都撞擊那會發光的小動物。

　　幼鯖游近去，很快便與成鯖混為一體了。這麼大的一支鯖魚隊伍，史康波以前還沒見過。現在牠四面八方全是魚——在他上方的水中一層又一層，在他下方的水中也是一層又一層；在他之前在他之後，在他之左在他之右，全是魚。

　　通常，叫做「大頭釘」的八吋到十吋當年生鯖魚，是另組隊伍，不與成鯖攪和的，因為幼鯖游泳的速度比較慢。可是現

在，就連成鯖中的大者——六到八歲的重量級鯖，為了吃那大片浮游動物，也不會游得太快，大頭釘很容易跟上。大小股鯖魚便合成一隊了。

看到這麼多魚在水中移動，看到大鯖如何飛竄、扭身、在黑暗中旋轉，看牠們的身體因別人的光而發亮，幼鯖心中又是緊張又是興奮。牠們專心進食，大鯖小鯖起先都沒注意到頭頂上一道亮光劃海而過，像一條巨魚游過水面留下的痕跡。

歇息在海上的鳥，聽見一種駑鈍的律動打破夜的沉寂。睡得比較沉的，驚醒時只堪堪逃過巡船的衝撞。但不論是暴風鸌的驚呼還是剪水鸌的擊翅，都沒有能提醒水下的魚。

黑暗中的生命微光

「鯖魚！」桅梢的瞭望員高呼。

引擎的駑鈍聲消匿，僅餘依稀可聞的心跳聲。十幾個人倚向捕鯖網的繩緣，往黑暗中覷瞧。曳網沒有附燈，怕嚇走了魚。黑沉一片，是那種厚軟如天鵝絨的黑，黑得分不清水與天。

但且慢！那裡是不是有光一閃，在左舷前方的水面上？如果有，現在也消失在黑暗中了。大海又恢復無以名狀的黑暗，斷然否定任何生命的存在。可是它又來了，像微風中初著的火

海風下

燄，像掌心呵護的一支火柴，它燃成明亮的光點，散入周遭的黑暗；它移動，像模糊微淡的雲，飄過海水。

「鯖魚！」船長注視了幾分鐘才回應。「聽！」

起初沒有聲音，只有水波輕拍船舷。一隻海鳥，自黑暗中飛出，撞及桅桿，驚叫一聲跌落甲板，又鼓翼飛走了。

再度沉寂。

之後傳來微弱但不會錯認的喋喋聲，像暴雨打在海上——是鯖魚的聲音，大隊鯖魚在海面進食的聲音。

船長下令撒網。他親自爬上桅梢指揮行動。船員各就各位：十人登上綁在右舷桁木上的撒網小艇，兩人登上拖在撒網小艇後面的平底漁舫。引擎的篤篤聲響起，漁船拖著撒網艇，開始圍著發亮的海域繞大圈。這麼做是要驚嚇魚，把牠們趕進圈子。船與艇繞魚群三圈，一圈小似一圈。水中的光輝益盛，發光的區域集中了。

三圈之後，坐在小艇尾部的漁人拋繩頭給漁舫上的漁人。繩頭連接漁網，全長一千二百呎，盤落在撒網艇的底部。網是乾的，今晚還沒下水捕過魚。漁舫脫離撒網艇，舫上的漁人扳槳後退，漁船則拖著小艇往前開。小艇與漁舫之間的距離拉大，漁網次第落水。一根附有浮標的綱繩，橫伸在艇與舫間；

綱繩下，網如簾幕，懸垂而入一百呎深的海中——下緣附有鉛塊，所以直落不浮。從浮標的位置清楚看出，綱繩由弧形漸成半圓形，再收成一個完整的圓，把四百呎方圓內的鯖魚都收進網了。

捕鯖船

鯖魚緊張不安。隊伍外緣的鯖感覺到什麼沉重的東西在移動，好像有大海怪就在牠們左近。牠們覺出這東西經過時帶動的海波；有的鯖還看到上方有長橢圓形的銀色東西在移動，旁邊還有兩個小的，一在前、一在後，看起來有點像一頭母鯨，身邊跟著兩頭仔鯨。本在隊伍邊緣吃食的鯖嚇得往中間跑，整羣鯖於是開始打漩，大家都怕看到那發光的怪獸。在幾千條鯖一起亂鑽的騷動中，船行的波浪反而不大覺得了。

那海怪又開始繞著鯖魚轉時，身邊只跟著一個小的。另外一個漂浮在鯖魚頭上，好像在用長鰭或鰭狀肢之類的東西打著水。撒網艇跟在大船旁邊，網自艇後入水，浮游生物立刻聚攏來，那薄紗般搖擺的簾幕便沾上點點光芒，教人弄不清它究竟是個什麼。但魚總怕網牆。綱繩的圓弧一點一點收緊成大圓圈時，鯖魚先是擠得更緊，大家都儘量遠離網。

史康波在魚羣中間，感覺別的魚靠他愈來愈近，牠們身體

海風下

上的虹光令他目眩。他不知有網，因為沒看到浮游生物在上面閃亮的情景，也沒有拿口鼻或側腹碰觸到綱繩。可是不安的感覺像傳電，在魚間傳遞。邊緣的魚一碰到網便彈跳起來，轉身逃開，衝入隊伍中，慌亂的情緒於是散播開來。

定有逃生之路

撒網艇上有個漁人，出海才兩年，入行之初的心情他記憶猶新——或許永難忘懷。那是一種好奇，無窮無盡的好奇，想知道水底下究竟有些什麼東西。有時候他在甲板上或冰櫃裡看見魚，會想：鯖魚眼中的世界是怎樣的？鯖魚看見的，一定是他永遠不得見的；鯖魚去到的，一定是他永遠去不了的。他很少把這些想法說出來，可是他總覺得，這樣一個終生在海中度過，艱險逃過各種各樣冷酷敵人之手的東西，不該到頭來死於捕鯖船的甲板上。他看著牠們困在網罟中的黏滑身體，想著牠們在目不能視的昏暗深海中，明知敵人就在附近游走的情景。但他畢竟是個漁人，少有時間思索這些問題。

今晚他送網入水，注視著它濺起的水花，他想到在底下聚集的幾千條魚。他看不見牠們，就是在表層水中的魚，看起來也只像黑暗中的一閃，像煙火，消失在倒轉的空中。他想得癡了。他的心靈之眼看見鯖魚撲上網，又跳開去。一定是很大的

鯖吧，他想，從水中熾熱的光條看來。這時候，一團熔鐵似的磷光愈聚愈緊，他知道碰撞上網和彈跳縱回的動作一定在網的每一處重複發生，因為現在網的兩端已合攏：撒網艇趕過漁舫前面，漁網合圍了。

他幫著拉網，把那三百磅重的鑲鉛邊線固定在拉繩上，垂下邊線，網便圍緊了。漁人開始拖拉綱繩。他想著下面的鯖魚，陷在網中是因為牠們看不出可以自網底溜走；他想著那邊線垂呀垂，直垂到海裡；他想著這綱繩拉得愈緊，大圈圈就愈小，網底的圈也在縮小，可是一定還是有逃生之路。

網中的彗星

魚很緊張，他看得出。上層水中的鱗光像無數一閃即逝的彗星，整個團塊則東閃西滅、此亮彼暗。他聯想到熔鐵爐似的天空中飛濺出來的星光。他好像可以看到邊線在拉扯下一路撞擊網圈，鬆弛的綱繩拉緊後，魚兒在水中亂跳——牠們還是有路可逃。他可以想像大鯖魚發起狂來。這隊魚太多了，不好收拾；可是做船長的總是不願意自中間把魚群一分為二，因為那樣一來牠們就一定鑽進深海不出了。大傢伙一定會偵測出情況，往下直鑽，把整隊魚都帶進海底。

他轉過頭去不看水，用手摸撒網艇底部的一堆濕繩子，想

海風下

感覺——因為看不到——堆在那裡的繩子有多少，猜猜還要拉上多少繩子，這網才算收緊了。

他手肘邊的那人大叫一聲，他轉回頭去看水：網圈裡的螢光暗下來了，閃閃爍爍，死滅成灰、成黑暗。魚兒果真偵測出來了。

他斜倚船舷，凝視黑沉的水，看那光芒消退，想像著他看不見的景象——幾千條鯖爭先恐後往下迴旋而去的景象。他忽然希望自己能在那兒，一百呎深的水下，網底鉛繩之旁，看魚羣以最高速度紛紛閃過如流星雨，多麼壯觀呀！一直到後來，他們花了好長時間，把那一千二百呎的濕網收好，重新捲落在艇底，好幾個鐘頭的辛苦白費了，他才明白，鯖魚找到生路，對他會造成什麼影響。

再下一次網

穿過網底的一陣狂奔之後，鯖魚四散入海。直等到夜色將盡，嘗過網圈恐怖滋味的魚兒還不敢聚在一塊兒進食。

天將破曉，夜間在此設網的漁船大都向西而去，消失在黑暗中，只有一艘留下。這艘船昨夜運氣不佳，下網六次，五次都讓魚兒給跑了。東方轉為灰色，黑水閃著銀光時，海上只有這孤伶伶的一條船在移動。船上的漁人想再下一次網——等夜

間嚇跑的鯖魚在黎明時重自海底現身。

東方一點一點地轉亮，高高的桅檣和船艙首先辨出，接著天光灑過跟在後面的撒網艇船舷，可是那堆漁網就看不清了：黑得跟海水一般。海水，只有波峰上閃亮，波谷還是黑沉沉的。

兩隻三指鷗自昏昧中飛出，停駐在桅桿上，等著漁人捕到魚，丟掉他們不要的。

西南方四分之一哩處的水中，一個形狀不規則的暗影出現——鯖魚隊，往東緩慢移動。

漁船立刻改變航向，攔在魚群前方，很快地下了網。船員快手快腳，下網、拉繩、合網，一步一步把魚趕向網線最結實的中央部位。漁船靠近小艇，儘快收繩。

艇邊水中浮著網袋。網圈裡，幾千磅的鯖魚。大部分都很大，但也有一百多條一歲的「大頭釘」，是新近才自新英格蘭某個港灣來到大海上的。其中一條，就是史康波。

大網裡的魚用網袋撈起拖上船。收緊的網袋像湯杓，一塊長木板是它的長柄。拉上滑輪車，沿木板拉上船，把魚倒在甲板上。幾十條柔軟強壯的鯖魚就在甲板上拍打，牠們細緻的鱗片發出彩虹般的光，散入天空。

海風下

狗鯊搶魚

大網裡的魚好像不大對勁。他們為什麼像被沸水燙了屁股一樣由下往上跳？被圍困在大網中的魚通常會用力扯網，想把網扯低好逃走。可是這些魚，好像水裡有什麼東西嚇著了牠們，有什麼東西讓牠們害伯——比這艘大船還讓牠們害怕。

網外的水中一陣劇烈騷動，一面三角形的小鰭和一瓣長尾劃破水面。剎時間網內網外出現了幾十面鰭。一條四呎長的狗鯊，大嘴從鼻尖直裂到後面，正衝過浮標線，在鯖魚間左砍右噬。

整群狗鯊都進了網圈，窮兇惡極地追捕網內鯖魚。牠們利刃般的牙齒切割粗網線如剪棉紗，網被撕扯出一個個大洞。一方窮追亂打，一方盲目亡命，浮標線以內成為生死存亡的沸騰漩渦，漩渦裡閃著綠和銀的光，是縱躍的魚身和白森森的牙齒。

忽然漩渦止息。騷動與混亂來得急去得也快。鯖魚穿過網上大洞，疾如箭矢，消失在大海中。

在墨綠中穿梭

逃出曳網，也逃出狗鯊之吻的鯖魚中，有屆滿一齡的史康波。那天傍晚，他跟隨年長的前輩、遵照本能的指引，往大洋

游出許多哩，遠離漁人經常設置刺網和曳網的海域。他在海的深處游走，且忘記夏天白亮的海水，循著陌生的海道，在一片墨綠中穿梭。他總是往西、往南走。他要去一個從沒去過的地方——維吉尼亞岬角外海，陸棚邊緣深邃而寧靜的海域。

他會趕在隆冬降臨以前，抵達那片海域。

海風下

附注:

圍網：purse seine，圍成圓形的網，用於在深海中捕表層的羣魚，一定要看得見水表的魚才可———白天，或有磷火的夜晚。網在水中垂直如圓形的牆，中間包圍著魚。圍攏後，以小網將魚汲出。

剪水鸌：shearwater，是大洋鳥類，偶然因風上岸。其中一種大剪水鸌，遷移的路途極長。牠們孵育於南大西洋一個孤立的群島（Tristan da Cunha），在島上高茂的深草中築巢。春來時長征新英格蘭外海，待到十月，即橫渡北大西洋，再沿歐洲與非洲海岸南下，最後回到南大西洋羣島上的家。繞這麼一圈要花上兩年工夫，生物學家相信牠育雛也是兩年一次。

第三部　溯河歸海

第十三章　奔流入海

山腳下有個池塘。山梣、山胡桃、栗櫟，還有鐵杉，各種樹木盤根錯節，培成深深的一層腐植土，海棉一樣地吸滿了雨水。池塘的源頭是兩條小溪，從西面高地上匯集了雨水流下來。香蒲、芒草、穗花燈心草、雨久花，全在池邊軟泥裡生了根；山腳下、淺水中，也都站滿了它們。池的東岸濕地上長了一排柳樹，那裡也是池塘水滿時的溢洪道，野草循線一路長到海邊去。

池面平靜無波。可是銀色小鰷魚的口鼻，常常撐開水天之間那一層韌膜，水面於是圈起重重漣漪。水膜也會被住在芒草和燈心草間的小水蟲，拿匆忙的腳步點破。池塘有名字，叫「麻鳽池」，原因是每年春天都會有幾隻這種害羞的鷺鳥，來岸邊的芒草叢中築巢。牠們那奇異的、彷若唧筒打氣的叫聲，懸盪在香蒲叢裡，隱匿在斑駁的草影、樹影間，有人聽到了，遂以為那是不可得見的池塘精靈的聲音。

從麻鳽池至海，魚兒總共要游兩百哩：頭三十哩是一條狹窄的山澗；其後七十哩是緩緩匍匐過海岸平原的河流；再來，要穿過長達一百哩的淺灣鹹水區。這鹹水淺灘本是一條河的河

海風下

口，幾百萬年前海水入侵，河口淪陷致此。

春天一到，便有許多小動物不辭兩百哩的跋涉，打海邊，沿著雜草遍生的溢洪道，一路溯進池塘來。這些小東西長得很怪，像一根根細瘦的玻璃棒，長不逾人指頭。是幼鰻，生於深海。到得池塘，有的繼續攀高到山間去，有的則留下來，吃螯蝦、龍蝨，抓青蛙、小魚，慢慢長大。

秋水淙淙

春去秋來，一年將盡。從上弦月到月半圓，這段期間，雨一直落，溪澗水流淙淙。池塘的兩條源頭溪都水深且急，推擠著溪床上的石頭奔來。奔入的水掃過如林的草叢，漩經螯蝦的洞穴，爬上岸邊的柳樹幹六吋之高。池塘被深深地攪動了。

日暮時起了風。起初是溫和的微風，把池面縐成柔軟的天鵝絨。到子夜，風大了：燈心草狂搖亂擺，把池面刨成一道道深溝；乾枯的草籽被風刮散，唰唰作響。風自山上呼號而下，吹過橡樹、山毛櫸、山胡桃和松樹的林子。它向東吹，向兩百哩外的大海吹。

鰻魚安桂臘埋首水中，隨著忙忙奔進溢洪道的池水而行。憑著敏銳的感覺，她嘗出水中特異的氣和味：是雨濕秋葉的苦

澀，是林中苔蘚、地衣、腐植質的味道。含著這樣氣味的水，匆忙流過鰻魚身邊，往大海去。

安桂臘十年前來到麻鷸池時，是長如手指的幼鰻。此後每一個夏秋冬春，她都在池中度過：白天躲在水草根部，夜間在水中潛行——因為她，像所有的鰻魚一樣，喜愛黑暗。山腳下泥濘地裡蜂窩似的螯蝦洞，她沒有一個不知道。黃睡蓮款擺的長莖間是她慣常進出的通道，她知道青蛙總愛坐在厚厚的蓮葉上。春天，池水自北岸溢出，她知道上哪兒去找攀在草葉上吹泡泡的初生小蛙。她知道水鼠在哪處池岸尖叫嬉戲，知道牠們有時會彼此推攘著噗通落水——潛藏的鰻這便輕易抓牠們入口。她知道塘底有深厚的軟泥，冬天可以把自己埋在裡面，不虞冬寒——因為她，和所有的鰻魚一樣，喜歡溫暖。

安桂臘的焦躁

又是秋天。冷雨自山脊流下，把池水沖涼了。鰻魚安桂臘心中滋長出一股奇怪的焦躁。成年以來首次忘記飢餓，取而代之的是未曾有過、無以名狀的另一種饑渴。她隱隱約約覺得想要去一個溫暖黑暗的地方——比麻鷸池最黑暗的夜晚還要黑暗。這地方她以前也去過，是在她生命初始的蒙昧期，在她還沒有記憶的時候。她不知道通往那地方的道路就在池塘出口外面，

海風下

她不知道十年前她就是從那裡爬進來的。可是那晚，當風和雨搓揉著池面，安桂臟無可抗拒地讓流水拉往出口，隨水溢出池塘，流往大海。山頭上農場的公雞高啼起來，向新的一天的第三個小時致敬時，安桂臟已溜入溢洪道，下到小溪中。

雖是漲水期，山溪水仍淺。是一條年輕的溪澗，水聲玲琤，盡是水擊石頭和石頭互擊的聲音。安桂臟順流而下，靠偵測水流壓力的變換察知路徑。她是屬於夜與黑的動物，幽暗的水徑既不會誤導她，也不能嚇阻她。

流出五哩，溪澗陡落一百呎，掉在圓石散布的崎嶇河床上。跌落前的最後一段路程，它是穿行在兩山之間，循著多年前另一條較大溪流的舊道。山上密覆著橡樹、山毛櫸和山胡桃，小溪就從它們交錯的枝杆下流過。

破曉時，安桂臟來到一片清淺的溪灘，溪水嘈嘈，自大小石塊上奔過。水流自此突然加速，直直湧向十呎瀑布的邊緣。順著岩壁落入底下的池盆。激流攜帶安桂臟狂奔而下，底池深、靜且冷，多少世紀的瀑布之水把岩石鑿成圓形大洞。深色苔蘚長在池邊，輪藻植根於池底淤泥，吸收石頭裡的石灰質，造就它們圓而脆的莖。脫離了亮且淺的溪水，安桂臟藏身池中輪藻間，避開光線與太陽。

池中鰻

入池不到一小時，又有一條鰻自懸崖落下，來腐葉深處尋求黑暗。這鰻本住在山中高處，一路打山上隨淺溪擦過石床，弄得她身上傷痕累累。這新來的鰻在淡水裡多待了兩年，所以長得比安桂臘大又壯。

其實安桂臘在麻鳽池裡已經是最大的，比別的鰻至少大一歲。但她一看到新來的鰻，便鑽進輪藻下面。這一鑽，振動了硬脆的藻莖，驚嚇了攀附莖上的三隻划蝽。划蝽以排列著剛毛的節肢抓緊藻莖，正在啃食附在莖上的帶藻和矽藻。牠們身上輝光閃閃，彷彿披了一件花氅──是剛剛鑽破水膜帶下來的一層空氣。池鰻一嚇，牠們便像氣泡般浮上水面，因為這小蟲比水還輕。

一隻身體像小枝斷片，下面撐著六根節肢的昆蟲，走過漂浮水上的樹葉，又在水面上滑行，好像走在堅韌的絲緞上似的。牠的腳把水膜壓出六個凹洞，可並沒戳破它──身體真輕。這蟲的名字叫「絲黽」，英文名字 marsh treader 是「沼澤踏行者」的意思，因為牠常住在沼澤水蘇的深處。這絲黽正在覓食，靜待蜉蝣或小甲殼之類的東西自塘底浮上水面。一隻划蝽突然自絲黽腳下衝破水膜現身，那斷枝樣的小蟲立刻拿牠短劍般尖利的口器戳出，把划蝽的小身體吸乾了。

海風下

安桂臘察覺那陌生的鰻鑽進塘底腐葉堆成的厚墊，她便退縮進瀑布後面的暗處。在她上方，陡峭的岩壁因覆滿苔蘚的軟葉而呈綠色。這苔蘚，只要葉片不浸在流水中，而又常受瀑布水花滋潤，便能生長。春天，搖蚊來這裡產卵，把卵下在濕岩上薄薄的白蘚縫中。等卵孵化，這長了透明翅膀的昆蟲便會在秋天成群出現，而眼睛明亮的小鳥便坐在池上的枝頭，注視著牠們，張大嘴衝進搖蚊堆中。現在搖蚊已去，其他的小東西則還住在吸滿了水的綠色苔蘚密林裡。牠們是蜜蜂、水虻、大蚊的幼蟲，身體都很光滑，沒有小鉤小爪可以抓扣，也沒有扁平的身軀，不能在瀑布上的急流或底池溢出的溪水中漂浮生活。牠們雖住在距瀑布僅幾吋之地，卻全然不知急流的況味及其危險；在牠們平靜的世界裡，水是從苔蘚綠林的頂端緩緩滲透下來的。

落葉紛飛

連下了兩週的雨，樹葉開始紛紛落下。一整天，從林頂到地面，葉落不已。落葉雖紛飛但靜悄，摩觸地面的擦聲不會比鼠或鼬路過的腳步聲更響。

一整天，不斷有寬翼的鷹單飛過山脊往南。飛翔時，牠們展開的雙翼幾乎不須搧擊，因為西風撞及山壁，氣流抬升，牠們是乘風御宇，不費力氣。這些鷹是加拿大來的秋季移民，沿

阿帕拉契山而行，好藉氣流之助，節省自己精力。

黃昏時，貓頭鷹開始在林中嘯鳴。安桂臘趁夜離開池塘，獨自往下游去。溪水不久便流經起伏的農田，一夜中她兩次墜落灌溉用的小水壩。那水壩，在稀淡的月光下看起來是白色的。下得第二座壩，激流沖過高茂的草地，安桂臘在壩堤遮護下暫息一息。剛才在壩上，湍湍水流擊打水壩斜坡，嘶嘶作響，驚嚇了她。剛喘過一口氣，那在瀑布水塘中與她同棲的另一條鰻，也下了壩，順流打她身邊過去。安桂臘跟隨，任水流帶她在淺水區顛簸、深水區滑行。好多次，她感覺有別的深色身軀在近旁移動，是其他的鰻，來自高地的各個支流，和安桂臘一樣，把長條身軀投擲於激流之中，讓水流加速牠們的行動。這些移民全是帶卵的鰻，因為鰻族中，只有雌性遠溯淡水溪澗，雄性全留在海中。

那晚的溪流裡，幾乎只有鰻在游動。有一次流經山毛櫸叢，溪水來了個大轉彎，磨擦出一片比較深的河床，安桂臘游到此處，幾隻青蛙正好從軟泥岸上急縱入溪。岸邊有一棵倒下的樹，青蛙本來藏身樹幹底，半浸在水中，一隻披著毛皮的動物走近，嚇得牠們一躍入水。毛皮動物在軟泥裡留下的腳印很像人的腳印，朦朧的月光下，看得出牠戴著黑色眼罩的臉和有黑圈的尾巴。是一隻浣熊，住在附近一棵山毛櫸高高的樹洞裡，常常捕食溪中青蛙和螯蝦。因牠的光臨而響起的陣陣潑水聲，牠理也不

理：牠很清楚那些蠢青蛙藏身何處。牠直直走向那棵倒下的樹，一屁股坐在樹幹上。牠用後腳爪和左前爪緊抓住樹幹，右前爪則浸入水中，盡力往下伸，指頭在樹幹下的腐葉和爛泥間探索。青蛙們極力往溪底雜物的深處鑽，但浣熊耐心的指頭摸索每一個洞穴和隙縫，撥開樹葉，戳刺泥漿。牠摸到一個結實的小身體了，那青蛙要逃，浣熊緊捏住蛙，拎上樹幹，殺了牠，浸入溪中仔細清洗，這才吃下。快吃完時，三付黑眼罩在溪邊一小片月光下出現，是這浣熊的妻和牠們的兩個娃，下樹來趁夜打食。

浣熊的夜獵

鰻魚出於習慣，好奇地把口鼻伸進樹幹下的腐葉間刺探，蛙們驚嚇愈甚。但她對青蛙已無興趣，脫離池塘的她忘了飢餓，一股更強烈的本能驅策她隨溪下行。安桂臘滑進中央水流，隨水掃過樹幹尾而去，這時候，兩隻小熊和牠們的媽媽正走上樹幹，四張戴了黑眼罩的臉往水裡覷瞄，準備獵捕青蛙。

天亮了，溪水加闊也加深，不再玎玎琮琮，水面映出一片樹林的影子。有洋桐槭、橡樹和山茱萸。穿林而過，溪水便攜帶了色澤鮮明的各種樹葉：豔紅而脆的是橡樹葉，黃綠斑駁的是洋桐槭，暗紅有皮質的是山茱萸。西風瑟瑟，山茱萸掉光了葉子，但猩紅的漿果卻掛在樹上。昨天有知更鳥群集枝頭啄食

漿果，今天知更鳥南去，掠鳥取而代之，亂嘈嘈從一株樹翩飛至另一株，邊吃漿果邊互相吱吱喳喳。掠鳥已披上鮮豔的秋裝，每一根胸羽上都有點點白斑。

安桂臘來到一方淺池。十年前一棵橡樹在秋季大雷雨中被連根拔起，橫倒溪中，造就了這池子。安桂臘就是那年春天攀溪而上的，所以牠並不知道有這橡樹水壩和池塘的存在。十年過去了，橡樹幹邊集合了好多水草、淤泥、木棍、枯枝等等雜物，把水流的縫隙都給堵死了，池水於是積了兩呎來深。正逢滿月，鰻魚躲在池中，不敢在月色皎白的溪中旅行，就像牠們不敢在陽光下旅行一樣。

池底泥中有許多洞穴，住著蠕蟲樣的八目鰻幼魚。八目鰻其實不是鰻，是魚，只不過身上生的是軟骨而非硬骨。齒牙森森的圓嘴永遠張著，因為牠沒有下顎骨。這些未成年的八目鰻是在此池中孵化，終年埋身底泥，至今看不見也沒牙齒。其中大些的，四歲的幼魚，身長約男人指頭的兩倍，今秋剛剛轉化成成魚模樣，也剛剛有了眼睛可以觀看周遭的水中世界。牠們隨即和真鰻一樣，感受到來自大海的召喚，跟著水流，下到鹹水，去過一段海洋生活。到海裡，牠們會寄生於鱈、鯖、鮭等魚身上，成熟後再回溪河，像牠們的雙親一樣，在河中產卵、死亡。每天都有幾條八目鰻幼魚溜出這橡木水壩。一個陰沉的夜晚，天下著雨，溪谷中瀰漫著白霧，鰻鱺紛紛去了。

海風下

歸入河的主流

次夜，鰻群來到一座遍生柳樹的小島，溪水在此一分為二，環抱這島。鰻魚走靠南的水道，繞島而過。島邊有寬廣的泥灘。過了島，溪水就要歸入河的主流。溪中本沒有島，多少世紀以來，溪水在此放下攜帶的部分泥沙，草籽在此生根，水流和鳥兒帶來樹籽，柳樹芽從洪水沖來的斷枝餘樁上冒出來，島就這樣誕生了。

鰻群進入主流時，天已微明，河水呈灰色。河道深十二呎，許多支流挾秋雨注入後，水轉混濁。因此，即使是白天，鰻也不像在清淺的溪流中那樣怕光。牠們便不休息，兼程趕路。河中有許多鰻，從別的支流來。數量增多，鰻們興奮起來。愈往後，休息的時間愈少，牠們狂熱地匆驟趕往下游。

河面開闊、河水深沉之後，一股奇異的氣味進到水中。是輕微的苦味，而且每日每夜各有幾個小時苦味特別強烈，隨水汲入鰻的口，通過鰻的鰓。與這苦味俱來的，是一種不熟悉的水的律動——往下流去的河水會定時遭到某種壓力，一陣強一陣弱，河水也就一陣緩一陣急。

細長的竿棒間隔著出現在河中，露出水面數呎。竿與竿間是黑色的網，因藻類附生，已成黑色。鷗鳥常站在網上，等人來收網上的魚，好撿拾漁人不要或遺漏的。藤壺和小蠔覆蓋了

網竿，因為這季節水中鹽份高，適合牠們生長。

河邊沙嘴上時或站著些濱鳥，在休息，或在水邊戳探螺、小蝦、蠕蟲等食物。濱鳥本是海邊的動物，牠們成群出現暗示著大海近了。

水中奇特的苦味愈來愈重，浪潮的律動也愈來愈強。一次退潮時，一夥小鰻——都不超過兩呎長——從向來居住的鹹水沼澤出來，與山溪來的移民鰻混在一起。這夥小鰻都是雄性，從沒上溯河流，一向留居潮間鹹水區。

更換服色遠赴大海

移居的鰻，外貌起了驚人的變化：本來在河中呈橄欖黃的牠們，現在變成黑得發亮，下腹則是銀色。這是準備遠赴大海旅行的成鰻才穿的服色。牠們的身體結實滾圓，儲存了好多脂肪，是出海遠行必備的能量。這些剛從河上來的鰻，已有很多口鼻開始變高、變窄，好像是嗅覺變敏銳的結果。牠們的眼睛比原來大了一倍，可能是準備潛行深海之用。

河流到了出海口，變寬了。南側流經一座石灰質的高岩，岩內嵌藏著千萬枚古代鯊魚的牙齒、鯨魚的脊梁，以及軟體動物的殼。是多少世代以前，第一批鰻自海中上溯溪河的時代，

海風下

就死在那裡的。那些牙齒、骨骼和殼，是古早地球溫暖期，海水上升，淹沒海岸平原時的遺物。當時的海中生物遺下牠們身體中堅硬的部分，沉澱於海底軟泥中。在黑暗中沉埋了幾百萬年，等陸地再度升高，風暴日漸把它們沖出石灰岩，讓它們暴露在天光下，任憑日曬雨淋。

鰻們花了一個星期，下到河口。水愈來愈鹹，灣中水流別有韻律，既不似河，也不似海，是受河流入海的影響，也受三、四十呎以下灣底泥灘洞穴的影響。在灣裡，退卻的潮比上漲的潮有力，因為多條河流奔馳入海，抗阻了海水的壓力。

安桂臘終於來到灣口。與她同行的有幾千條鰻，像攜牠們來此的水流一樣，來自方圓幾千哩內的各個山嶺高原。每一條溪每一條河，都和牠們一樣投入灣中，融入海水。鰻們緊靠灣的東岸走，循深水道來到一片大鹽渚。鹽渚外，一直到大海，是廣闊的淺水帶，有綠色的沼澤水草一根根突露出水。鰻們在鹽渚集合，等待出海的適當時機。

河居生涯告終

次夜，強烈的西南風自海上吹來。潮水漲起時，風在後面推波助瀾：推入灣中、推入沼澤。沼澤中的魚、鳥、蟹、蚌等等，全嘗到海水苦鹹的滋味。鰻，躺在水下深處，細品這一

小時比一小時更濃重的氣味。風推海水，如牆湧入。那鹹味，是海的氣味。鰻要出海了——出到深海，接受海給牠們預備下的一切。牠們的河居生涯到此告終。

風的力量比月亮和太陽大。子夜前一小時，潮開始退，但鹽水仍不斷堆積入渚，形成厚厚的表層上湧水，與底層退向大海的水反向而行。

潮剛起始退，鰻族的行動便展開了。其實大海寬廣奇特的韻律，鰻魚在初生之時便已得悉，只是長久以來早已忘懷。起初牠們猶猶豫豫地跟隨退潮，潮水帶領牠們穿過兩個小島之間的海口，鑽過一列採蚵船底下。採蚵船下了錨，要等天明才出海。到天明，鰻魚早走遠了。潮水帶領牠們，經過標示海口水道的浮標，經過安裝在沙洲或岩礁上，有哨子和鈴鐺的浮標。潮水帶牠們靠近較大那島的下風海岸，那裡有一座燈塔，向海發出一閃一閃的強光。

自島的沙嘴上傳來濱鳥的銳叫。濱鳥摸黑在退潮的沙灘上覓食，牠們的叫聲與浪頭擊碎的聲音，就是陸地邊緣、也是海洋邊緣的聲音。

鰻魚奮力游過碎浪線。碎浪翻起泡沫，在黑暗的海上反映出燈塔的光。一過了風濤滾滾的碎浪線，海立刻溫柔起來。鰻們越過淺沙，隨即沉入深水，那裡沒有狂風，也沒有巨浪。

整個退潮期間，鰻魚陸續不斷，離開鹽渚、奔湧入海。那晚經過燈塔的鰻數以萬計——鹽渚中所有的銀鰻，那晚都走了。燈塔，是牠們遠洋之旅的第一站。通過碎浪線出海之後，牠們也就消失在人類的視野以外；以後的事，人類幾乎是一無所悉了。

附注：

麻鳽：dittern，鷺科的鳥，性喜孤獨，住在沼澤地，站立時會模倣周圍的蘆葦和草。

安桂臘：Anguilla，鰻（eel）的學名。

八目鰻：lamprey，亦稱七鰓鰻，身體兩側各有七個鰓孔，加上眼睛看起來好像八隻眼，故名。牠的成體在海中營寄生生活，以口吸附魚體，吮食宿主血液及組織為生。

划蝽：water boatman，中英文名字都描述了牠的體態。牠的身體扁平成船形，後足如槳，游起泳來行動迅速，好像許多人合力划一艘船。長不足十三公厘，在靜止的池塘或溪流邊駐足，很容易發現牠的蹤跡。雄划蝽會摩擦前腳，奏出音樂。

絲黽：marsh treader，英文名字說明牠能在水面行走，中文名字則在形容牠身細如桿、足長如絲。是長約八公厘的小昆蟲。

第十四章　寒冬天堂

下一次月圓漲潮的夜晚，雪花隨西北風降落河口灣中。鋪地的銀白一哩一哩推進，覆蓋了山丘與河谷，覆蓋了每一個河灣沼池。帶雪烏雲疾掃過灣，風整夜在水上尖號，雪片一落入黑朦朦的灣水，立刻便消解無蹤。

氣溫在二十四小時內驟降華氏四十度。清晨潮水退出灣口時，泥灘地上薄鋪的一層餘水迅速凍結，這最後的一點潮水便再也沒有回返大海。

濱鳥的叫聲——鷸的風笛、鴴的銀鈴——都沉寂了，只聽得到風聲，在鹽渚和潮灘上哀鳴。上一次退潮時，鳥們還在灘上戳探；今天，大風雪未至，牠們便先走了。

群鴨乘西北風來

早晨，雪還在空中飄盪，一羣長尾鴨乘西北風而來。這種名叫「老婆鴨」的鳥，熟悉冰雪與冬風，還特別喜歡暴風雪。

海風下

在飛雪中，牠們看見灣口燈塔高高的白樓，以及燈塔外灰紙似的大幅海面，便呱啦呱啦地互相喊叫。老婆鴨愛海，整個冬天牠們都會住在海上，在淺水區的蛤貝沙汕上覓食，夜晚則在碎浪線外空曠的大洋上歇息。現在牠們俯衝出風雪雲，降落在灣口大鹽渚的外面。整個早上，牠們熱切地潛進二十呎深的水底，覓食黑色小蜆。

灣南幾條河的河口外，比較深的水洞裡還有些魚沒走。有海鱸、咕嚕咕嚕魚、圓斑魚、海鱒，以及鰈魚。牠們曾在灣中度過夏天，有的在泥灘、河口或深水洞中產過卵，是一次又一次逃過海底流網、逃過迷宮似的柵網，僥倖存活的魚。

現在灣水控制在冬的手中，冰封死了所有的淺灘，也封死了自山上帶下活水的溪河。魚兒於是轉往大海，用全身去回憶灣口外坡度平緩的海底，回憶更遠處海底平原的邊緣，那個水靜波平、藍光微淡的溫暖所在。

大風雪降臨的第一夜，在鹽渚向海那面的淺灣，一隊海鱒被凍住了。淺灣薄水冷卻得太快，素喜溫暖的鱒魚一下子給麻痺了，癱在水底奄奄一息。潮退去時，牠們無力追隨，只好留在薄水中。次晨淺灣口結起冰來，死了幾百條鱒。

另一隊鱒，躺在鹽渚外比較深的水域，就逃過凍死的命運。這隊鱒是年初趁著春潮，自灣北覓食地來到這灣口水道。從強

大的退潮水流中，牠們察覺河上流下來的水冰冷刺骨，趕緊退出淺灘與泥沼。

深入溫暖海谷

牠們退入一條更深的水道。這水道是海底三條相連谷地當中的一支，三條谷形如巨鷗在灣口軟沙上遺留的足印。循水道，海鱒一噚一噚深入比較寂靜溫暖的海域，那裡有密生的水草隨潮搖曳，潮水的壓力沒有沙洲旁大。漲潮的力道主要在上層海域；退潮時，沿海谷底層磨擦後退的水會攪起沙、帶走空貝殼，在緩坡上跌撞翻滾而下。

海鱒進入谷中時，灣北的藍蟹在牠們下方蠕蠕而行。牠們也是從淺沼移居，順坡尋找深暖的水洞來度冬。牠們躲進厚厚的海帶床，那裡已庇護了別種蟹，還有些蝦和小魚。

夜幕初降、退潮開始時，海鱒進得水谷。上半夜好幾個鐘頭，有別種魚隨潮進入水道，牠們沿著水底游，穿過海帶叢，壓得海帶往東搖西擺——是來自灣內所有淺沼的咕嚕咕嚕魚，躲避寒冷而來，在這比淺灘暖許多度的水谷中嬉戲，堆疊成三四層，自鱒魚身下游過。

早晨來臨時，谷中的天光在鱒魚看來像一片綠色濃霧，被

沙與泥弄得混混濁濁。十噚上方，有紡錘形的紅色浮標，告訴海上來的船隻，水道由此而始。滿潮水把浮標向西推送，標繩又緊扯著浮標不放。鱒魚來到三條水谷匯總之處——指向大海的鷗腳腳跟或腳距處。

趁著下一次退潮，咕嚕咕嚕魚出了水道，往大海中去尋更溫暖的地方。海鱒則流連不去。

潮快退盡了，一隊幼鱒通過水道，急急向海。是長如手指，鱗片閃耀如白金的小魚。今春在灣中新產的鱒當中，這是最後出海的一批。其他的幼鱒，成千上萬尾，都已去到無邊的大海，去到那個牠們一無所知的地方。灣口鹹水新奇的氣味加上大海的韻律，讓牠們興奮。

雪止了，但風仍自西北方來，堆雪成丘，又捲起零星雪片，在空中旋成風的形狀。寒氣侵骨，窄些的河面全部凍住，採蚵船僵在港內。灣的邊緣結成厚厚一圈冰與雪。每次退潮，帶下河中新水，海鱒躺臥的水道便覺著更冷。

鱒魚隊合流

風雪之後第四夜，水面上月光明亮。風把水面光影打亂成無數反光小鏡，光片、光條在水上亂舞。那晚，鱒魚看見好幾

百條魚打牠們上方經過，像銀屏之下的黑影，向海游去。那些也是海鱒，本來匿居灣北十哩一個九十呎深的水洞裡。古遠的年代那原是一條河道，後來河的下游形成海灣的一部分。住在鷗趾形水道的魚決定加入深洞來的同類，兩隊魚便一起出海。

水道外面，海底有起伏的沙丘。這些水下丘陵，因為沒有海燕麥或沙丘草來幫它們固定，抗拒浪濤的侵蝕，比多風海岸的沙丘還不穩定。有些丘陵只在水下幾呎之處，每次暴風來襲它們就改變：一次漲退潮的時間，就能堆起或沖走多少噸的沙。

在海中沙丘間悠轉了一天，鱒魚升上一座讓潮水掃平了的高原，是海底丘陵帶的盡頭。高原寬半哩、長兩哩，下面是一路穩定沉落深碧的斜坡，上距水面才三十呎，可算是一個沙洲淺灘。一次西南風帶起大潮，移動了沙洲的位置，一艘載了一噸魚貨開往港口的漁船，「瑪麗號」，便在它身上擱淺。「瑪麗號」的殘骸還擱在沙上，海帶從她的帆桅上長出來，長條綠帶招展在水中，漲潮時指向陸地，退潮時指向大海。

船身有部分埋在沙底，往陸地方向傾斜成四十五度角，右舷向下，那裡遂長出厚厚的一片水草。擱淺時船身破裂，裝載魚貨的底艙門撞開了，現在底艙像甲板上的一個黑洞，愛藏身黑暗的海中生物便拿它做了庇護所。當初船沉時沒給沖進海裡的魚貨，已被螃蟹吃光，剩餘的魚骨裝滿半艙。甲板上的艙房，

窗戶被波浪打碎，變成以船骸為家的所有小魚的通道。銀色的傲視魚、鏟子魚、鱗魨等，在窗子上穿進穿出，嚼食船體上長的植物，一支一支小小的隊伍，彷彿永遠也走不完。

對於海中生物而言，曠海如沙漠，方圓幾哩之內，「瑪麗號」是唯一的綠洲，是海中卑微的一群——小型無脊椎動物——唯一可堪附著之處。小魚在船體上找到鑲嵌在上的食物，大些的海中猛獸也在此棲身。

海鱒靠近那罹難的船身時，最後一抹綠光已黯成灰色。牠們抓了些小魚小蟹吃，略填一填長途旅行之後的飢餓。然後在水草叢生的船邊停下來過夜。

「瑪麗號」社區

鱒魚昏昏欲睡。牠們輕搖魚鰭，因此雖有水流一波波壓向沙洲，牠們仍能保持與沉船和同伴之間的位置不變。

天快黑了，穿梭在艙房窗口和船身破洞的小魚隊伍稀稀落落，漸漸尋覓地點安歇下來。冬海上的星光出現得早，住在「瑪麗號」內外的大型獵手，這就該起身狩獵了。

一條蛇似的長臂，自底艙的黑洞裡伸出，兩排吸盤抓住甲板。一條又一條，總共八條長臂都出現了，黑沉沉的身體這才

爬出。是一隻大章魚，一向住在底艙。牠滑過甲板，溜進艙房上的凹洞，藏好：夜獵要開始了。身體雖躺在舊船板上，手臂可決不閒著，四面八方不斷探索每一個熟悉的縫隙。

沒等多久，一條青鱸沿著艙房壁，一路啃食船板上的苔蘚而來。牠全然不知大難將臨，愈走愈近。章魚屏息而待，眼睛緊盯著那移動的目標不放，本來探索不已的長臂也都按捺不動。小魚來到艙房轉角處，一條長鞭掃來，敏感的鞭尾纏繞住牠。青鱸拼命掙扎，想掙脫吸在牠鱗片、鰭和鰓蓋上的吸盤，可是牠很快就被送進那等待的口中，被那鸚鵡喙狀的利嘴給撕開了。

那晚，好多粗心大意的魚和蟹，跑到大章魚的觸手範圍之內，成了牠的獵物。有時，牠也出動去捕捉比較遠處的魚，牠會擠壓那氣囊似的鬆軟身體，觸手便像唧筒般噴出液體，推動牠前進。纏繞的手臂和緊抓的吸盤幾乎從不失誤，牠腹中難熬的飢餓終於漸漸緩解了。

潮水轉向，船首下，海帶漂蕩的方向左右不定。一隻大龍蝦自海帶叢中現身，覓食曲曲折折地朝岸邊移動。若是在陸地上，這龍蝦粗笨的身體怕不重達三十磅；可是在海底，有水支撐，牠踮起四對走路用的長腳，行動倒挺敏捷。牠舉起大螯在胸前，準備捕捉獵物或攻擊敵人。

海風下

藤壺把船尾覆蓋成一片白色脆殼，一隻大海星在上面匍匐前進。龍蝦循著船身往前走，半途停住，揪起大海星，用最前端的走路腳鉗住，其他的細腳也來幫忙，把那扭動不已的棘皮動物送進嘴巴，嚼碎了。

才吃了一部分，龍蝦便丟下牠給食腐蟹，繼續在沙地上前進，一度停下來挖蛤貝，忙忙碌碌翻動沙石，敏感的長觸鬚還向海中四處尋覓食物的氣息。找不到蛤貝，龍蝦再往前走。

醜怪魚的偽裝術

天快亮時，一條幼鱒發現住在廢船裡的第三個大猛物：鮟鱇。這怪模怪樣的東西方方的身體像風箱，咧得大大的嘴裡面一排排尖利的牙。嘴巴上偏又伸出一根奇怪的棒子，像一根軟釣竿，竿尾還懸掛著餌狀物：其實是牠自己的一塊肉，偽裝成樹葉模樣。鮟鱇身上的皮膚像破布，在水裡漂，別的魚看了，還以為是石頭上長著海帶。兩片厚肉鰭生在身體兩側，倒比較像是水生哺乳類的鰭狀肢，而不像魚的鰭。就靠這兩鰭的擺動，牠在水底拖行。

鮟鱇羅斐斯正躺在「瑪麗號」船首下面，一條幼鱒跑來。羅斐斯一動也不動，兩隻邪惡的小眼睛直盯著上面。他的身子部分遮掩在海帶叢裡，鬆垮垮的皮又在水裡漂呀漂，簡直看不出他是個什麼。除了最最小心謹慎的魚外，在這廢船附近走動

的動物誰也沒發現他的存在。海鱒席諾雄也沒注意到他，只看到一呎半外的沙地上，有一個顏色鮮明的小東西在那裡晃呀晃。那東西會動，一會兒上升一會兒下降。根據這海鱒的經驗，小蝦、蠕蟲等可食動物就是這麼動的。席諾雄游過去看個清楚。距離那東西只有兩個身子那麼遠了，一條小鏟子魚忽然從海那邊橫切過來，一口嚐住那誘餌。閃電般，本來無害的海帶變成兩排森森白牙，鏟子魚消失在鮟鱇的口中。

席諾雄大驚奔逃。躺在一塊腐朽的甲板木下面，鰓蓋急速開合。那鮟鱇的偽裝太成功了，鱒魚根本沒有看清他的外貌，只見牙齒的白光一閃，鏟子魚就不見了。他於是密切觀察那搖搖晃晃的誘餌，有三次他看見魚兒游過去細看，其中兩條是青鱸，另一條是傲視魚。每一條碰觸到那誘餌的魚都消失在鮟鱇的口中。

天又黑了，星光穿透海水，席諾雄躺在甲板下再看不見什麼。但隨著夜的漸次深沉，好幾次他感覺到身下的水中有一個碩大的身體暴起行動。大約子夜過後，船首下的海帶叢間才完全靜息，原來鮟鱇不耐跟幾條小魚玩「上鉤」的小把戲，往別處大展鴻圖去了。

絨鴨的夜晚

一隊絨鴨來到沙洲上方過夜。牠們先是停憩在靠陸地那邊，

海風下

距沙洲兩哩。可是那一帶的海底崎嶇、海浪洶湧，退潮時則形成泡沫漩渦，風向岸吹，與潮水相頡頏，驚擾了絨鴨的好夢。牠們於是飛至沙洲外緣水波平靜之處，再次安頓下來。絨鴨在水上半浮半沉，很像是裝滿魚貨的帆船。雖然睡著，有些還把頭埋在肩羽內，蹼腳卻要不時打水，免得被奔流的潮水沖走。

東天有了亮光，沙洲上的水色由黑轉灰。從水底下看，浮在水面的群鴨像一個個橢圓形鑲銀邊的黑影——銀邊是牠們的羽毛和水膜之間的氣泡。在水下盯著絨鴨看的是一對不懷好意的小眼睛：那東西游得很慢、動作古怪，像一隻畸型的大風箱。

羅斐斯很清楚絨鴨就在附近，因為水裡有強烈的絨鴨氣味，傳至他舌上的味蕾和口內敏感的皮膚。不必等天光照出水上的黑影，他圓錐形的視野中已出現鴨踢海水攪起的磷光。這樣的閃光羅斐斯以前也見過，知道這通常表示有鳥棲息在水面。狩獵一夜，只吃到幾條小魚，還不夠塞他的牙縫：他的胃可容納二十幾條大比目魚，或三十幾條鯡魚，或裝下和他自己一樣大的一條魚。

羅斐斯兩鰭上攀，游近水面。他游在一隻離同伴稍遠的絨鴨下面。這鴨睡著了，嘴喙插在羽毛裡，一腳在水下吊掛。牠還沒有來得及驚覺危險，吊掛的腳已被一張尖牙滿布、寬近一呎的大嘴咬住。大驚之下，絨鴨以翅擊水，沒被咬住的一隻腳

也拼命打水，想飛起來。牠使盡全身力氣想離開水面，但鮟鱇的重量加在牠身上，終於把牠拖回去。

漸沉下水的鴨的哀鳴和翅膀潑水的聲音，驚醒了牠的同伴。水上一陣劇動，群鴨齊飛，很快消失在水上的薄霧之中。遇襲的鴨，腿動脈鮮血噴出，生命像這鮮色的血河消退，牠的掙扎漸漸軟弱，大魚的力量壓倒一切。羅斐斯拉鴨向下，脫離那一片染紅的海水。就在這時，一條鯊魚受血腥味吸引，出現在微弱的晨曦中。鮟鱇把鴨拖到沙洲底，整個兒吞下。他的胃能擴充得很大。

半小時後，海鱒席諾雄在船體附近獵食小魚，看見鮟鱇又回到船首下，用他的肢狀鰭推動身體，在沙底拖行。他看見羅斐斯鑽進船下的陰影，看見海帶搖擺著葉片接納了他。這鮟鱇會在那裡昏睡好幾天，消化他的大餐。

寒意像一堵牆

那天，水溫略微下降。下午，退下的潮又從灣裡帶來大量冷水。海鱒受嚴寒驅迫，夜晚便整隊離開沉船，往大海去。牠們沿緩坡而降，在平滑的沙底上移動，偶然升高些好通過沙洲或貝殼灘。牠們行色匆匆，很少休息，因為寒氣在牠們身後尾隨。一小時又一小時，牠們上方的水愈來愈厚重。

鰻魚一定也走過這條路，通過水下的沙丘，滑下海中的草原。

　　以後幾天，每當鱒魚停下來休息或捕食時，常有別的魚隊越過，也常遇見各種各樣的魚隊在捕食。這些魚來自幾十幾百哩海岸線上的各個灣與河，為避冬寒而來。遠從北面羅得島、康乃狄克州和長島海岸而來的，是鯛，薄薄的身體、高高的拱背，鰭如刺針、鱗如盤碟。每年冬天，鯛自新英格蘭海面來到維吉尼亞岬角外，次春返回北方孵育時往往就入了柵網或圍網。海鱒游出陸棚愈遠，愈常見到鯛魚成群，在牠們前方的一片綠雲中。這銅色的大魚忽升忽沉：在沙底尋覓沙蠶、循海膽和螃蟹，然後升高一兩噚去咀嚼食物。

　　有時候也見鱈魚隊，自楠塔基淺洲地帶來，在暖些的南方海域過冬。有些鱈魚乾脆就在陌生的南方產卵，任由洋流攜著仔魚漂蕩，可能一輩子也回不去北方鱈魚的故鄉。

　　天氣愈來愈冷。寒意像一堵牆，越過海岸平原入海。看不見、摸不著，卻是如此真實的障礙，堅固如石，沒有魚能穿透它回去。在不太冷的冬天，魚會散落陸棚各處——咕嚕咕嚕魚緊靠海岸、鰈魚或比目魚在沙洲上、鯛在食物豐富的海谷、海鱸散布在礁岩底。可是今年，酷寒趕走了牠們，趕到好多哩以外的陸棚邊緣，也就是深海的邊緣。那裡，安靜的海水有墨西哥灣流為它加溫，是魚兒寒冬的天堂。

魚兒雖然都已遠離灣岸河口，越陸棚而遠颺，漁船仍然出海，往南、往外。這些漁船呈方形，外表不大美觀，在冬海上前傾後躓。是拖網船，來自多個北方港口，要往魚兒的冬季避難所尋找牠們。

　　不過是十年前，海鱒、比目魚、鯛、咕嚕咕嚕魚，只要出得灣岸，就不虞陷入漁網。後來有一年，漁船來了，拖著長長的袋子似的漁網，一路從北方、從岸邊拖過海底。起先他們什麼也沒拖到，漸漸走遠、走到外海來，網子終於撈滿了食用魚。濱岸魚的度冬地給找到了。

　　自那時起，拖網船年年都來，總能撈到幾百萬磅的魚獲。現在它們又出發了：從波士頓來的船專捕黑線鱈，自新貝德福（New Bedford）來的捕比目魚，格洛斯特（Gloucester）的船捕鱸魴，波特蘭的船捕鱈魚。冬季漁撈，在南方海域要比在加拿大的斯科舍海岸或大岸灘（Grand Banks）容易得多。

　　可是今年冬天真冷，海灣一片冰封，海面狂風巨浪。魚群遠去，也許在七十哩外，也許在一百哩外。牠們躲在溫暖的深海，可能深達一百噚以下。

　　漁船的甲板經浪打濕，結成冰，十分滑腳。網自船舷邊放下，孔目還封著冰片。繩子拿起來，也是一片唰唰碎冰聲。拖網直落一百噚以下的海底，從冰與雹間、洶湧的海面與尖叫的

海風下

風中，投往一個溫暖寧靜的地方：那裡是深海懸崖的邊緣，藍色微光下，魚兒正成羣覓食。

附注：

老婆鴨：old squaw，一種快活、熱鬧、聒噪的海鴨，有名的不畏寒冬風雪。雄鳥有長長的尾羽，是與其他鴨類在外貌上的顯著不同。squaw，印第安語「妻」之謔也。

咕嚕咕嚕魚：croaker，盛產於新英格蘭南部海岸，因為會發出似抱怨又似詛咒的咕嚕咕嚕聲而得此渾名。聲音來自脊骨下氣囊上特化肌的互擊，在水下很遠便可聽到。

傲視魚：lookdown fish，身體高而兩側緊縮，「前額」特別高，給人十分驕傲的印象。

圓斑魚：spot，兩肩各有一個棕或黃色的圓斑而得名。雄性也會發出與咕嚕咕嚕魚類似的聲音，但音量小得多。

鏟子魚：spadefish，又稱月亮魚（moonfish），身體很扁很圓，有人覺得像鏟子，有人覺得像月亮。

鱗魨：triggerfish，英文名是「扳機魚」的意思，因為牠有三個背鰭棘，前兩個猶如槍的扳機結構：第一棘豎起後，第二棘作為「扳機」從後嵌入卡住；第二棘必須先撤回原位，第一棘才能放平。第一棘粗大強壯，直立卡住時，魚便可牢牢固定在岩礁隙縫間。

鮟鱇：angler fish，可能是最醜陋、最惹厭，又最貪食的魚。頭頂上伸出來一隻觸手，像提著一盞燈，又像一根釣竿，故而別名提燈魚、垂釣魚。牠的身材碩大，但全身有一半是頭，而頭部有一半是嘴巴，因此又得「全是嘴」（all mouth）渾名。

第十五章　歸返

　　鰻魚往孵育地的旅程紀錄，埋藏在深海裡。沒有人能跟蹤鰻魚，從十一月的那個晚上，牠們離開灣口大鹽渚起，隨著風與潮，和牠們一道去尋找溫暖的大洋之水；沒有人知道牠們是怎麼游到五百哩外，百慕達以南、佛羅里達以東的大西洋深海盆地的。至於其他的鰻群，秋天從整個大西洋沿岸每一條河、每一條溪紛紛入海的無數鰻群，旅行的紀錄同樣一片空白。

　　沒有人知道鰻魚如何跋涉至牠們共同的目的地。多半，牠們會避免行走在表層灰綠的海水之中，因為表層冬風凜烈，日間又明亮如牠們不敢在白晝游下的山溪。牠們應該是穿行在中層海域，不然就沿著陸棚和緩的斜坡，下落海中谿谷——這谿谷，說不定幾百萬年以前原是海岸平原上，鰻族祖先居住的山溪大河。不管怎麼，牠們終會來到陸棚邊緣，海中懸崖自此陡降，牠們便到達大西洋最深邃的沉淵。就在那深海的黑暗中，仔魚誕生，老鰻則死去，再化為海的一部分。

海風下

深海藍光

二月初，幾十億顆原形質成團成塊，漂蕩在遠離水表的黑暗深海中：是新孵化的仔鰻，親代鰻僅留的遺物。牠們的生命起始，是在水表與海溝之間的過渡地帶，上方有一千呎厚的海水，隔離了陽光，只餘光波最長、最強的冷冷藍光和紫外線，穿透至仔鰻擺蕩的海域，紅、黃、綠等暖色光都給過濾掉了。一天裡大約有一個小時多一點的時間，那種奇特、鮮明，彷彿來自天國的藍光，會自上方潛入，取代無邊的黑暗：這就是太陽行經天頂的那段時間。只有在這段時間，直射的藍色長波趕得走黑暗。在這一個多小時裡，深海的黎明與黃昏連成一氣，不多久，藍光暗淡，鰻群又生活在漫漫長夜之中。只有海溝比這兒更黑：海溝的夜，沒有止盡。

仔鰻起先對牠們生活的環境極其陌生，牠們靜靜不動，不覓食，靠胚胎期留下的脂肪過活，因此於周圍的鄰居全然無害。因為身體呈葉狀，也因為體素與海水的密度相當，牠們漂浮在水中毫不費力。牠們小小的身子透明無色如水晶，即連那微小心臟唧出、奔流在血管裡的血液，也沒有顏色。只有眼睛，小如針眼的眼睛，是黑色的。如此透明的牠們，適宜居住在這僅見微光的海域，與周遭景物渾然一片，饑餓的獵食者找不到牠們。

僅見微光的海域

幾十億尾鰻苗，幾十億對黑色針孔般的眼睛，靜觀海溝上方奇異的海中世界。正午的藍光透射下來時，牠們看到橈足類紛紛如雲，像一曲無休無止的生命之舞，自眼前擺蕩行過，同樣透明的身軀像微塵反映著光。牠們看見許多亮晶晶的鈴鐺在水中晃盪，是脆弱的水母在調節身上每一吋肌膚承受的五百磅水壓。又有軟翼海螺躲避上方的光線，成堆自鰻苗眼前下降，牠們的身體反射著光，像各式奇形怪狀的冰雹：如匕首、如螺旋、如角錐，全都是玻璃樣的透明。蝦群隱約現身，在熹光中如幢幢鬼影。有時候蝦群後面追隨著灰淡的魚，圓嘴頰肉的魚，灰色的腹側鑲鑽般兩排光點。這時蝦兒常噴射出發光液體，在身後織成熾亮的雲，教敵人困惑之餘，睜不開眼睛。小鰻看見的魚多半都穿著銀盔甲，因為銀色，是陽光末端水域最常見的顏色或條紋。像瘦長身材的小海蛾魚，成天大張著嘴獵食，那嘴裡的尖牙，就森森有銀光。最奇怪的是一種只有人半根指頭長的魚，皮韌如革，側腹上卻流動著松綠石和紫水晶的光，而且閃爍如水銀。牠的身體纖薄，側緣削利（故名斧頭魚），敵人由上方俯視，看不見牠們，因為牠們的背部是藍黑色，在黑暗的水中不可得見；而當敵人自下方仰觀，又不能確定那兒是不是真的有魚：牠的側腹像鏡子，反映出海水的藍，牠自己的輪廓，則在輝光中

海風下

失落了。

　　大海以深度分層，每一層住著不同的生物，從會在水表褐藻葉片間吐絲的沙蠶，到在深深海溝底部巍巍爬行的海蜘蛛與對蝦，每一層水域都像一個社區。幼鰻住的是其中的一層。

海中生物分層而居

　　幼鰻社區上方，是陽光世界，有植物生長，小魚在陽光下閃耀著綠與天青，藍色透明的水母在水面移動。

　　接下來是微光區，區內的魚都閃著磷光或銀光，紅對蝦在這裡產下豔橘色的卵，圓嘴魚色灰近白。有發光器官的動物首次出現。

　　再下來是黑暗區的第一層，這裡沒有誰披著銀衣或閃著磷光，全都像牠們居住的水域一般晦黯，清一色穿著暗紅褐黑，好隱藏在周圍的環境裡，減少葬身敵人利齒的機會。紅對蝦在這裡產下的卵是深紅色約，圓嘴魚呈黑色，很多動物帶著火炬行走，不然就在身上畫出短小的光紋──就憑著這光紋的排列順序和形式，牠們可以分辨來者是敵是友。

　　更下面是海溝，海的太古之床，大西洋最深的地方。海溝之中無日月，百萬年的流逝都無意義，遑論季節的急遽變換。

太陽在此深處毫無勢力，這裡的黑暗無始無終，亦無程度可言。熱帶的陽光再熾烈，也絲毫不能緩解海溝之水冬夏不分的冰寒。年月凝成世紀，世紀凝成地質年代，大洋盆底的水流總是沉緩嚴寒，從容不迫而又堅定不移，恰似時間之流本身。

在厚約四哩餘的底流之下，是深軟的底泥，多少地質世代以來累積成的深海地毯。最底處鋪的是紅黏土——海底火山爆發，噴出一種地心浮石熔漿，冷卻而成。混雜在浮石裡的，有鐵與鎳的晶體，來自遙遠的外星，當它原屬的星球自天外飛來，撞毀在地球的大氣層，燃燒成灰燼，深海便成它的墳場。

大西洋海底盆地深碗的周邊，底泥層富藏海表微小生物的骨骸——星形有孔蟲的殼、藻與珊瑚的石灰質遺留、放射蟲燧石質的骨骼，等等。但是早在這些微細結構抵達海溝底部之前，它已經分解，與大海溶為一體。唯一沒有溶入海水的器官，是鯨魚的耳骨和鯊魚的牙齒。在寒冷沉寂的海底，紅黏土中留存了自古以來各種鯊魚的牙齒。有些古代鯊魚生存的年代，海中可能還沒有鯨，陸地上羊齒植物還沒有繁茂，煤系地層還沒有埋下。這些鯊魚的血肉，幾百萬年前便已歸還於海，以別種生物的形態一再重複使用，只有牠們的牙齒，散落在深海中、紅黏土層裡，包裹著遙遠星球來的鐵質。

鰻魚在海溝交會

百慕達以南那條海溝，是大西洋東西兩岸的鰻魚交會之處。其實在歐美兩洲之間還有別的大海溝，是海底山脈間的罅隙，但只有這一條夠深也夠暖，適合鰻魚孵育。因此每年一度，歐洲成鰻橫越大洋，旅行三四千哩至此；而美洲東岸成鰻也每年一度，出發去會晤牠們。在這藻類浮蹤所至的最西海域，牠們相會、相混。於是，廣大鰻魚孵育場的中心地帶，就並肩漂浮了兩種鰻魚的卵和仔魚。牠們的外貌極其相似，只有無限細心地計數脊椎骨節、側腹肌肉對數，才能區分出來。牠們自己，到嬰幼期的末尾，便會各自朝美洲或歐洲海岸前進，決沒有誰搞錯方向。

攀升大海

月復一月，一年過去。幼鰻長大：拉長、加寬，體內組織密度增加，漸漸升上比較亮的水域。穿越海內空間往上升的旅程，恰像是北極之春的時間過渡：有陽光的時數一天一天增加。散射著藍光的正午時間一點一點拉長，漫漫的黑夜一天一天縮短。不久，幼鰻便來到綠光穿得透的水域，給原來僅有的藍光增添了些許暖意。從此處起，水中有了植物，幼鰻開始進食。

僅靠殘餘陽光便能存活的這些植物，是微渺的漂浮球體：

古老的單細胞褐藻。幼鰻以之為第一餐，不知道吃下的是早在鰻魚祖宗、甚至任何一種脊椎動物入海以前，便生活了千百萬年的一種植物。在多少世代的時間裡，一群又一群的生物繁衍、滅絕，這種含石灰質的細藻卻始終在海中代代相傳，石灰小盾的身體與最早的祖先一般無二。

吃褐藻為生的不只幼鰻。在這片藍綠海域，橈足類和別的浮游動物都吃漂浮植物。擠作團塊的蝦狀動物吃橈足類，閃爍著銀光的小魚則捕食小蝦。幼鰻呢，被飢餓的甲殼類、烏賊、水母、蠕蟲追捕，還有許多種魚大張著嘴在海中巡游，過濾水中所有的食物。

仲夏季節，幼鰻長到一吋長，成柳葉形——順流漂浮的最佳形狀。牠們上升到表層水域，亮綠的海水中，敵人已可清楚看到牠們黑色的眼睛。牠們感覺到波浪的起與伏，見識過大海上正午令人暈眩的陽光。有時牠們藏身於密集的褐藻叢中；有時，當水面上別無掩體，牠們會躲在僧帽水母藍色的帆囊下。

表層海域有各種移動的洋流，洋流所至，幼鰻隨之。不管是來自歐洲的還是美洲的，幼鰻一體被掃入北大西洋漩流中。牠們浩浩蕩蕩的隊伍像一條大河，在百慕達南方的海面漂流、覓食，其數不可勝數。在這條生命之河中，至少有一段，是兩種幼鰻並肩齊行，不過現在牠們很容易分辨了：美洲鰻比歐洲

鰻大了將近一倍。

洋流成大圈滾動，自南徂西，再往北。夏已將盡，海中作物都已一一播種然後採收——浮游動物採收矽藻，幼魚又採收浮游生物。現在，靜息的秋籠罩海上。

尋找清淺水域

幼鰻已遠離初生的家。旅行隊伍慢慢分歧成兩路縱隊，一路向西，一路向東。快速成長的美洲鰻，體內一定起了什麼微妙的變化，讓牠們愈來愈偏向洋流西側。卸下柳葉狀的嬰幼身軀、變成像父母一樣肥圓的時刻近了，去尋找清淺水域的意念便日漸增強。肌肉潛藏的力量顯現出來，牠們逆風、逆流，往岸邊去。牠們透明小身軀的一舉一動，都受盲目而強烈的本能驅策，朝向一個牠們自己也不知道的目標前進——是烙印在牠們種族記憶深處的什麼圖像，讓牠們個個奮勇當先，毫不猶豫地游向父母來自的海岸。

有幾條東大西洋的幼鰻還逗留在西岸鰻群中，但牠們根本也還沒打算離開深海：牠們的發育速率慢些，要再等兩年，才能承受外形的變化，和轉入淡水的生活。此刻牠們還靜靜地在水中漂流。

向東跨越大西洋，半途有另外一隊柳葉形的旅行隊伍——

是早一年孵化的鰻。再往東，靠近歐洲海岸經度的海面，又是一隊漂浮的幼鰻，是更早一年的前輩，已經長成幼魚的全長。這第四隊的幼鰻，今年當季就要抵達牠們壯旅的終點，進入灣口，上溯歐洲的河流。

美洲鰻的旅程短些。仲冬時節，牠們的隊伍會游上陸棚，靠近海岸。儘管冰冷的風吹得海水奇寒，也儘管太陽遠在天邊，牠們始終留在上層水域，再不需要逃往熱帶溫暖的海洋。

幼鰻往岸游的時候，牠們身下游過另一隊鰻：另一個世代，即將完全成熟，已披上黑與銀的外衣，正要回返出生之地。這兩批不同世代的鰻，相見也一定不相識——一批即將展開新生活，另一批將沉入深海的黑暗之中。

愈靠近岸，水愈淺。幼鰻改變了形貌，準備攀爬溪河：柳葉形的身體現在縮短變窄，柳葉變成滾筒。嬰幼時期的大牙齒掉落，頭也變圓了。背脊骨上出現一些色素細胞，可是身體絕大部分仍是透明如玻璃。這個階段的鰻有個別名，叫做「玻璃鰻」。

等待入侵陸地

是三月，牠們等在灰色的大海上；來自深海的動物，現在準備入侵陸地。牠們等在南大西洋、墨西哥灣海岸，野稻遍生

海風下

的灣流泥沼之外，準備衝進河口海灣與綠色沼澤；牠們等在北方冰封的河海交界處，河上融化的雪水沖刷而下，在海中沖出長條的淡水地盤，鰻魚因此嘗到陌生的新鮮水味，興奮地向淡水靠攏。一年多以前，安桂臘與同伴出發去深海，那個海灣口外，現在等待著數十萬尾這樣的鰻。當時安桂臘她們是在盲目遵從種族的命令，而今同樣的熱情又充塞在歸返的幼鰻胸中。

幼鰻聚集在一個突出的海岬外，海岬尖有燈塔細高的白樓標示位置。海鴨——羽色斑駁的老婆鴨，每天下午自岸上覓食歸來，都以這燈塔為指標。牠們在大海上盤旋升高，薄暮時才急速俯衝，雙翼挾帶咻咻風聲，衝進黑暗的海水。鳴聲如呼哨的天鵝正往北作春季大遷徙，牠們也見到那燈塔：是日出時，見它被朝陽染紅了顏色。帶頭的天鵝看到這景象，昂頭唱出三個音符，因為看見這岬角，就表示牠們的第一個休息站不遠了。牠們打卡羅萊納峽灣來，要長途跋涉赴北極大荒原。

又是月圓，潮水漲得特別高。退潮時，海上的魚、連灣口外的，都嗅到強烈的淡水氣味。所有的河流都春水氾濫。

月光下，幼鰻看見水中盡是魚：壯碩的身體、圓飽的肚腹、銀色的鱗片。是鱈魚，自大海上養足了身子來，要等灣水破冰，好上溯河中產卵。咕嚕咕嚕魚成羣結隊躺在海底，咕噥怨嘆聲震動海水。牠們和海鱒還有圓斑魚都是從岸外度冬地過來，要

在灣中覓食。另有一種魚是隨潮湧入，頭的方向與水流的方向同，等著吧唖一聲咬起海中小動物。牠們是海鱸，屬於大海，不會上溯河川。

逆流上河

月亮漸虧，潮勢漸弱，幼鰻向灣口推進。不久之後，會有這樣一個晚上，河上的雪大致融盡，化為清水奔流入海，月光稀微、潮壓輕弱，暖雨落下，海上霧靄低迷，綻開的花蕾放出亦苦亦甜的暗香。那時候，「玻璃鰻」便要推攘入灣，直逼海岸，尋得河口。

有些鰻會逗留在河口攪雜了海水的鹹水中，那是畏懼淡水的雄鰻。可是雌鰻會奮勇直前，逆流上河。她們利用夜間，快速游動，一如當年她們的母親下河之時。她們的隊伍逶邐數哩，首尾相連，像一條巨蛇，沿河與溪的曲折蜿蜒上行。任何艱難險阻都不能阻撓她們。飢餓的魚會捕食她們：鱒、鱸、梭魚，甚至鰻魚前輩。此外，岸邊巡狩的野鼠，鷗、鷺、翠鳥、烏鴉、鸕鷀和潛鳥等，也都等著吞噬她們。她們會攀爬瀑布、竄過長著青苔的滑溜溜岩石，扭著身子循水壩的溢洪道上攀。有的雌鰻深入溪河好幾百哩，這原屬深海的動物於是遍布沿岸陸地，而這些陸地，原是大海過去多次佔有的地盤。

海風下

那個三月，當鰻魚在外海守候，等待進入陸地的適當時機時，大海也騷騷攘攘，等著再次入侵海岸平原，循河谷往高處攀，舔舐連綿群山的腳跟。在鰻魚一變再變的一生裡，灣口外的等待不過是一段小插曲；海、海岸與群山的關係也是如此：在悠久漫長的地質歲月中，目前的狀態不過是暫時。海水不斷的侵蝕終究會將山變化為塵泥，傾入海中；海岸終將被海水淹沒，岸邊的城市村鎮終將歸滅於海。

附注：

圓嘴魚：round mouthed fish，生活在中深度的一種大洋魚，兩排發光器官，外緣黑色，中心銀色。魚體從灰到黑，海愈深處魚色愈深。嘴特別大，張開時又極圓，故名圓嘴魚。

紅黏土：red clay，深海極深處的底泥，厚逾三哩，主要成分是含水矽酸鹽礬土。因為太深，少見有機物質遺留。

僧帽水母：Portuguese man-of-war，man-of-war 是「軍艦」的意思，這種水母身體上部是一個充氣的囊狀浮器，功能如帆，中文名字「僧帽」和英文名字「葡萄牙軍艦」都是在形容這帆囊的形狀。帆囊透明，有粉紅、藍、紫等色，雖漂亮，螫人卻極痛，甚至能造成休克或死亡，是水母中最危險的品類。熱帶海域最常見。

側線：lateral line，是魚的感應器官。兩側由鰓蓋至尾各有一排毛簇，內通充滿黏液的一條長管，長管又通感覺神經。魚靠這感應器官偵知人耳聽不到的低頻音振，所以能在遠距離外得知有別的魚靠近，或附近有防波堤、岩石等障礙物。側線系統也能幫助魚探知水溫的變化。

Under the Sea Wind

附錄：名詞解釋

■ A

ABYSS 沉淵，指的是大洋中央的深底。陸棚的高壁在它四面圍堵起來，形成一個密閉的世界。它是一片廣闊荒涼的平原，平均深度約三哩，偶有裂溝，深至五六哩。淵底覆蓋厚而軟的無機黏土，混雜不能溶解的微小海生物遺骸。沉淵寒冷而完全無光。

ALGA 藻類，複數作 ALGAE，是最簡單、可能也是最古老的植物，植物王國四大主要類別當中的第一類。沒有根、沒有莖，也沒有葉，但通常有一片簡單的葉狀體。小的藻要用顯微鏡才看得到，大的如海帶，卻身長達幾百呎（參見 OARWEED 條）

AMPHIPOD 端足類，與蟹、龍蝦、小蝦等同科。它包含約三千種甲殼動物，凡身體扁平，外皮光滑有彈性，劃分成好幾節，跳或游起來速度驚人的小甲殼都屬。絕大多數生活在海中或海的邊緣。一般人最熟悉的可能是沙蚤，長約半吋的牠，常以後足攀附海帶，身體僵直不動，讓別的動物誤以為牠是海帶芽。

ANCHOVY 鯷魚，外形似鯡的銀色小魚，總是成隊移動，許多較大的魚以牠們為食。最常見的鯷類俗稱「白餌」（whitebait），

海風下

長約兩到四吋。

ANGLER FISH 鮟鱇，恐怕算得上是魚類中最醜、最惹厭，又最貪食無饜的一種。大西洋兩岸都有牠的蹤跡，身長可達四呎。

ANGUILLA 普通鰻的學名。

AURELIA 海月水母，色呈白或淡藍，扁平、煎鍋狀的身體，直徑可達一呎。游泳時看起來就像海中的月亮，因此俗稱"moon jelly"；和別種水母不同的是，牠的觸手小而不明顯。大西洋及太平洋岸都看得到牠。

AVENS, MOUNTAIN 水楊梅，玫瑰科的矮小耐寒灌木，又名「野薄香」（wild betony），生長於北極圈及北溫帶內。白色的花朵相當大，葉子據說是松雞冬季的主要食物。

■ B

BARNACLE 藤壺。雖然體外包裹硬殼，牠卻非蠔非蛤，反而與蟹、龍蝦、水蚤等同屬甲殼類。浸在水中時，殼是張開的。腿上像駝鳥羽般布滿纖毛，有規律地刺出，好讓纖毛中的血液與氧結合，順便把可食小動物送入口中。退潮時，附著在潮間帶的藤壺便喀的一聲闔上殼。

BASKET STARFISH 籃狀海星，有縱橫交織的分叉觸手，用觸手尖端行走。有動物不幸跑進牠網籃狀的觸手間時，便成為牠的獵物。生活在長島東端以北的沿海水域。

BEACH FLEA 　請見 SAND FLEA 條。

BEROE 　瓜水母，是櫛水母中比較大的一種，長約四吋，以別種水母為主食，常常吞下與自己身量等大的東西。七八月間在新英格蘭外海大量聚集，白天最熱時浮出海面，海水變冷或波浪大時便沉入較深處。

BETONY 　請見 AVENS 條。

BIG EYED SHRIMP 　大眼蝦，是蝦形甲殼類，身體近乎透明，一雙大眼睛因此顯得特別醒目。不過更引人注目的是牠身體兩側的光點——光點的數目和排列方式因種類而異。常見於潮水前端，成群出現海面，身後跟蹤著同樣多的魚，有時還有大隊鷗鳥追隨。

BLENNY 　鳚魚，是生活在海帶與石縫間的小魚。從潮間帶到三十、五十噚，甚至更深的海中都是牠們的生存範圍。身體細長，有點像鰻魚，背鰭幾乎與背等長。

BRANT 　黑雁。岸邊淺灣，是這種黑灰大雁理想的覓食場。最愛吃鰻草的根與下莖，總是等到潮退水淺時，將草拔出。每年自維吉尼亞州及北卡羅萊納州北遷，途經鱈魚角、聖羅倫斯灣及哈德遜灣，直抵格陵蘭等北極圈內極北的群島。

BROWN ALGAE 　褐藻。內中有一種叫做石灰圓藻（round lime bearers），披著石灰質的外衣，像穿了強固的盔甲。非常非常古老——至少遠至寒武紀——的地質層中，都發現它們這種盔甲的殘留。現存的石灰圓藻，結構仍與它們的史前祖先大致相同。

　　　　　　　　　　　　　　　海風下

BRYOZOA　苔蘚蟲，狀若青苔，早期的自然觀察都以為牠是植物，其實牠是動物。海水與淡水中均見。有些苔蘚蟲附著在岩石或海帶的表面，形成蕾絲狀的石灰質脆殼，是很古老的一種苔蘚蟲。

BYSSUS THREAD　麻絲蛤，貝類。體內有一種腺體（尤其在嬰幼期），分泌出的液體碰到海水，會凝固成堅韌的絲線，叫做「足絲」（byssus），用來固定牠自己，不被浪或潮沖走。

■ C

CALANUS　哲水蚤。長僅八分之一吋的一種小橈足甲殼類，在新英格蘭外海某些季節多得不得了。是鯡和鯖以及格陵蘭鯨的主食之一，經濟價值可觀。（參見 COPEPOD 及 CRUSTACEAN 條）

CERATIUM　角甲藻，直徑約百分之一吋的一種單細胞生物，介乎植物與動物之間，但一般視之為動物。磷光極強，大量聚集時，一遇碰觸海面便光芒耀眼。

CERO　鯖族中一種銀色大魚，俗稱「王魚」（kingfish）。多半生活在南方海域，是強壯活躍的獵手，油鯡群中常見牠穿梭行獵。

CHARA　輪藻，一種淡水藻類，能在池底或湖底鋪成一片水底草坪，自含石灰質的底泥中吸取水份。石灰質中的碳素積存在體內和表面，摸起來因此有硬而脆的感覺。有些水域，它積得多了，變成一層石灰泥，可用側巴料。主莖高舉如蠟燭台，莖上有小葉，果實小似針尖，樣子像半透明的日本燈籠，有的橘色，有的綠色。

CHELA 螯，龍蝦的鉗狀大爪，內藏肌肉被認為是這動物最美味的部分。自衛或攻擊時，是有效的武器。

CHITIN 角質素，構成昆蟲、龍蝦、螃蟹之類外殼的硬質部分。

CHLOROPHYLL 葉綠素，植物中的綠色物質，光合作用的要角。

CIUUM 細胞上的纖毛。會有韻律地集體擺動，有些單細胞動、植物以及較高等動物的幼嬰，就靠這擺動前移後挪。

COCKLE 鳥蛤，殼作心形，通常鏤刻著輻射狀條紋，內壁也拓印出同樣的漂亮圖形。牠比其他的蛤貝類活躍得多，常常伸出一隻肉「腳」，在殼下猛地一撐，身體便向前躍進翻滾，看得人嚇一跳。

CONGER EEL 海鰻，或譯康吉鰻，活動範圍僅限於海水。美國沿海的海鰻有的重達十五磅以上，歐洲沿海的海鰻更可重達一百二十五磅。極其貪食。

CONTINENTAL SHELF 大陸棚。從潮間帶到一百噚深，這一段緩緩沉降的海底，叫做大陸棚。在美國海岸外，有些地方的大陸棚寬達一百哩；有些地方，例如佛羅里達海岸外，寬僅數哩。現為陸棚者，在以地質年代而言相當晚近的過去，很多都曾是陸地。有商業價值的海洋漁撈，差不多都局限在陸棚之上進行。從陸棚邊緣到大洋沉淵之間，是一個陡降坡，稱為「陸坡」（continental slope）。

COPEPOD 橈足類，是甲殼動物門下的一大類。全是些不到五分之二吋長的小東西，大部分比這還小很多。有許多是浮游生物中能

游泳的成員；有些寄居比較大的動物體表，來來去去卻於寄主無損；有的甚至寄生在魚的鰓內或皮肉上。在海洋食物鏈中，牠們是最重要的一環，多種海生動物的幼嬰依牠們為生。

CRAB LARVA 蟹嬰。新孵出的蟹子是透明的，一雙大眼睛，一點也不像螃蟹模樣。身上的硬殼像盔甲，隨著身體長大，要蛻去好幾次。每蛻換一次殼，便像個螃蟹一些。初期生活在水表度過，活潑地四處游動，囓食周遭的較小生物。

CRANE FLY 大蚊。長成的大蚊是貌似蚊子的長腿昆蟲，黃昏時常見於溪澗，或在天黑後繞燈飛。牠們的幼體生活在水中或潮濕處。

CROAKER 新英格蘭以南大西洋岸數量極豐的一種魚，因為會發出一種似抱怨又似詛咒的咕嚕聲，俗稱咕嚕咕嚕魚。聲音來自脊骨下氣囊上特化肌的互擊，在水下傳得相當遠。另有一俗名叫「硬頭魚」（hardhead），切薩皮克灣區的漁人這麼叫牠。

CROWBERRY 岩高蘭，是低矮的常綠灌木，生長於阿拉斯加到格陵蘭的北極區內，但南至美國北部，也能發現它的蹤跡。它的深色莓果，是北極鳥類最愛吃的東西。

CRUSTACEAN 甲殼類。身上有一塊一塊硬殼、腿成一節一節的動物，叫「節肢動物」（arthropods）。節肢動物中，住在水中，用鰓蓋呼吸的，叫甲殼類。常見的有龍蝦、藤壺、蝦和螃蟹等。

CTENOPHORE 貌似水母的海洋生物，因觸手如髮櫛，俗稱櫛水母。多呈圓筒狀或梨形，八條觸手上生滿纖毛，游泳時，以纖毛擊

水前進。在日光下閃映美麗的虹暈，黑暗中則發磷光。會吃掉大量幼魚，因此在海洋經濟上地位重要。

CUNNER　青鱸，有尖針似的長背鰭，碼頭樁柱下或防波堤邊多見，有時也游入外海。分布在拉布拉多到紐澤西一帶。

CURLEW　麻鷸，長喙的大鳥，與草鷸同類。冬天裡牠分布在南美洲太平洋岸，遷移時有兩條路線：沿太平洋岸，或經中美洲、佛羅里達和大西洋岸，一路飛到北極海邊，在那裡孵育幼雛。近百年來，長喙麻鷸和愛斯基摩麻鷸已幾乎滅絕，只有哈德遜麻鷸數量還豐。

CYANEA　霞水母，是大西洋岸最大的水母。在寒冷的北方海域，牠鐘形的身體可寬達七呎半，觸手長一百呎有餘。這一大團東西，百分之九十五是水。一般體型寬約三到四呎，觸手長三十到四十呎。碰到牠的觸手會產生嚴重的刺痛感，因為牠的螫人細胞會釋放出幾百枚小「鏢」。在北方水域所見是紅色的一種，在南方則可能是灰藍色或乳白色的。

■ D

DESMD　鼓藻，一種微小的單細胞淡水藻。形狀優美，呈新月形、星形或三角形。顏色則是鮮亮的綠。

DIATOMS　矽藻，也是單細胞藻類，不過它綠色的本體外面包裹了一層黃褐。細胞壁內灌滿矽，死後堆積在海底，形成一層矽泥，可用作磨光粉。在落磯山脈發現的這種矽泥層，厚達三百呎。矽藻

是海洋食物鏈中不可或缺的第一環，提供豐富的礦物質給吃牠的動物。

DOVEKIE 短翅小海雀，比知更鳥略小些的海居鳥類，與北極海鳥（auks）、海鴨（puffins）同科。只在築巢孵幼時才上岸。在海上，牠們是潛水專家，能在水下以翅游泳，不像牠們的遠親潛鳥（loon）用腳游。

DOWITCHER 半蹼鷸，體型中等的長喙濱鳥，屬草鷸一族，遷徙途中可見之於大西洋岸。在佛羅里達州、西印度群島和巴西度冬，築巢勸口羣大北部、哈德遜灣以東。

DRAGONFISH 海蛾魚，形貌獰惡，又名毒蛇魚（viperfish），但其實長僅一呎，只有居住深海的小動物須要怕牠。終其一生，大概都生活在千呎以下的黑暗地帶。

■ E

EGRET, SNOWY 雪鷺，常被形容為「鷺鳥中最優美、最雅緻的一種」。因為孵育季的羽色最美，遭人濫獵，一度瀕於滅絕。牠與小藍蒼鷺的幼鳥頗像，不同的是牠有一對黃腿。

EIDER 絨鴨，是完全生活在海上的鳥，冬季遷往新英格蘭及大西洋中部沿海期間，大都停留在離岸不遠的蛤貝生長區上方海面，只要低頭潛水，便可取得食物。美國所產鴨絨，主要取自牠身上。

■ F

FATHOM 噚，海洋深度的計量單位，一噚等於六呎。

FIDDLER CRAB 招潮蟹，英文名字的意思是「提琴手蟹」，是海灘和鹽渚常見的羣居小蟹。雄性有一隻螯大幅強化成攻擊與防衛的武器。舉著這隻大「提琴」，有時對雄性十分不利，因為這一來牠只餘一隻螯可用來取食，而雌性卻有兩隻。招潮蟹通常大批羣居在潮間帶，每隻蟹各有其小穴。

FLUKE 鰈魚。在大西洋中段、切薩皮克灣區渡夏的比目魚，常被稱為鰈魚。是比目魚中比較活躍而好掠奪的一種，有時會追捕魚隊至海表。像變色蜥蜴一樣，能模擬周圍背景的顏色。一般身長約兩呎。

FORAMINIFERA 有孔蟲，一種單細胞動物，成群居住在布滿小孔的石灰質殼內，原形生命物質自這些微小孔洞中緩緩流出，過程極美。死後石灰殼沉入海底，轉化成白堊層，有些地方積有千呎之厚。埃及的金字塔便是用有孔蟲化石形成的白堊石構築的。

FRUSTULE 矽酸殼，是矽藻的殼，由相疊的兩部分構成，像一個盒子和盒蓋。因為幾乎是純矽，簡直堅不可破。每一個殼自有其獨特的形狀和細緻的紋理，顯微鏡夠不夠精密，常由看不看得見矽酸殼的紋理判定。

FULMAR 暴風鸌，或稱管鼻鸌，是生活在大洋上的鳥，與海燕、剪水鸌同科。比鯡鷗略小，大部分時間都在空中翱翔，暴風天尤其

海風下

活躍。夏天在格陵蘭、大衛斯海峽（Davis Strait，格陵蘭與巴芬島之間的海峽）及巴芬灣等地度過，主要度冬地則是美加之間的大瀨（Grand Bank）、喬治灘（Georges Bank）等外海。

■ G

GANNET 塘鵝。在大西洋西岸，塘鵝只在聖羅倫斯灣的岩石峭壁上築巢，而在北卡羅萊納州到墨西哥灣之間度冬。牠們是大海上的白色大鳥，會猛衝入水攫取食物，有時自一百多呎的高空衝下，挾帶著巨大威力。有時數百成群的塘鵝合攻鯡魚或鯖魚隊。

GHOST CRAB 鬼蟹，是一種大型蟹，體色與沙色近似，讓人看不出牠的存在，給人鬼影飄忽之感，故名。性情機警、行動敏捷，從紐澤西到巴西海岸都有，更是美國南方沙灘的常客。必要時會毫不猶豫地鑽進水中，但平常寧可在高潮線以上，打三呎深的洞居住。

GILL NET 刺網，可以定置在水底，也可以頂上裝置浮標任其浮動。不管怎樣，它在水中很像網球的網。魚頭扎進網孔，鰓蓋便掛上像口袋蓋般稍稍突起的網勾。沖失的刺網很重，因此會沉墜下水，隨潮漂動。

GILL RAKER 鰓耙。魚在呼吸時，水由嘴進入，再透過鰓口排出。這時，纖細的鰓絲會吸收水中的氣。鰓耙是由口通往鰓的入口處的骨質突起，作用是過濾水中可食物質，並且保護鰓絲不受傷害。有

人把它比作人的口腔深處，防止食物誤入氣管的會厭軟骨。

GLASSWORM　玻璃蟲，或稱箭蟲（arrowworm, sagitta），是細長透明的小蟲，生活在海中，由海表到極深處都見。牠是兇猛活躍的捕食者，吃大量的幼魚。

GREBE　鸊鷉，在水上像鴨，不過遇驚時會往水下鑽而不會飛走。可以在水下游很遠，掛上漁人刺網的事屢見不鮮。通常生活在湖、池及海灣上，也有些鸊鷉遠出五十哩以外的大海。

GYRFALCON　白隼，北極區的白色大鷹，以小鳥和旅鼠為主食。冬季偶然會漫遊至新英格蘭、紐約州和賓州北部。

■ H

HADDOCK　黑線鱈，一輩子差不多全住在大陸棚上各種深度的海底。有紀錄的最大黑線鱈長三十七吋，重二十四磅半。

HAKE　無鬚鱈，雖是鱈族的一員，卻長得全不像鱈，身材比較細長。特色是纖長如鬚的腹鰭，相信牠用此在黑暗的海底偵測獵物。

HATCHETFISH　斧頭魚，深海的扁平銀色魚，有高度發達的發光器官。

HERMIT CRAB　寄居蟹，以蝸牛之類軟體動物的殼為家，走到哪兒都拖著殼，好保護牠軟弱的、只裹著一層薄皮的腹部。長大了屋子住不下了，就得另尋新家。物色新家時千挑萬選，一旦選中，便

海風下

迅雷不及掩耳地自舊殼中一躍而出，搬進新殼。據稱，牠看房子時可不是只看沒人住的空殼，而可能會把殼的原主趕出去。

HOLDFAST　吸盤，藻類或其他簡單植物的根狀結構，用來附著於泥土或岩石上。

HOOK EARED SCULPIN　鉤耳杜父魚，形貌奇特的魚，胸鰭如扇，兩頰旁又有明顯的鉤狀物。生活在寒冷海域，從拉布拉多到鱈魚角和喬治灘都有。

HYDROID　水螅，與水母同類，長得像植物的動物。一端固著，另一端有個開口，周圍環繞觸手。群居的水螅特別像有很多分枝的植物，中間有主幹負責運輸食物給周邊各成員。

■ J

JAEGER　獵鷗，雖是鷗族，卻養成鷹的習性，獵食其他鳥類。在大海上度冬時，牠們的行徑如海盜，搶奪海鷗、剪水鸌等的口中之食。在北極荒原孵育時，則以小鳥和旅鼠為食。

JINGLE SHELL　不等蛤，小型軟體動物，殼極薄，作金色、檸檬色或桃色而有光澤。空殼堆疊在海灘上，據說在風吹潮打下會玎璫作響（英文名字是玎璫蛤的意思）。分布在西印度群島到鱈魚角沿海。

■ K

KILLIFISH　鱂魚，是成群結夥的小型鱂魚。在淺灣及岸邊沼澤會

見到數以千計的牠們。

KITTIWAKE 三指鷗，是鷗族中雖小卻最強悍的一種，完全生活在洋上，除非遷移途中，否則鮮少在內陸見到牠們。在橫渡大西洋的船隻上如見有鷗鳥一路追隨，那就是牠們。

KNOT 細嘴濱鷸，有點像知更的濱鳥，每年四月初，自南美飛底美國。在最荒涼偏遠的北極區築巢。

■ L

LATERAL LINE 側線，是大多數魚都有的一種感應器官。兩側由鰓蓋至尾各有一排細孔，內通充滿黏液的一條長管，長管又通感覺神經。魚靠這感應器官偵知人耳聽不到的低頻音振，所以能在遠距離外得知有別的魚靠近，或附近有防波堤、岩石等障礙物。側線系統也能幫助魚探知水溫的變化。

LAUNCE 玉筋魚，細長圓體的魚，看起來像小鰻。住在潮間帶，潮退時把自己埋在沙中。大西洋西北岸的沙灘上很多，離岸沙洲上更豐。和別的羣居小魚一樣，牠是大洋上許多獵手——包括脊鰭鯨——的食物。

LEMMING 旅鼠，主要見於北極區的小型囓齒類。短尾小耳，腿生密毛。拉普蘭旅鼠特別令人矚目，因為牠們會定期大舉遷移，遷移時，按選定的方向洶湧前進，任何障礙都不能阻攔牠們，來到海邊也毫不遲疑地一踴入海而淹死。

海風下

LINE TRAWL 排鉤，是一種舊式的捕底棲魚法。使用排鉤法時，漁船須攜帶漁舫（小船），以安置排鉤。排鉤下方是長長的底線，一條條的短釣線就自這底線垂下，釣線與釣線間隔約五呎。底線的兩端以錨固定，並以浮標標示位置。漁人每隔一段時間拉起釣線，收取鉤上的魚。有時候網線就放在漁舫之下，漁人收魚、換餌，馬上又放回水中。

LONGSPUR, LAPLAND 拉普蘭長距雀，與鵐、雀同族。冬天裡，在美國北部和加拿大南部偶然會看到牠的蹤跡，但夏天裡牠們只在加拿大北方、格陵蘭及北極海諸島，樹木生長線以外孵幼。在西部平原，有人看見牠們「拖著長長的零散隊伍，齊聲唱著歌」而來。

LOOKDOWN FISH 傲視魚，常見於切薩皮克灣以南，美麗的銀色身體散著虹光。牠的身體高而兩側緊縮，好像「額頭」高聳，垂眼觀鼻的樣子。

■ M

MARSH SAMPHIRE 海蓬子，又稱厚岸草，是鹽渚中的一種植物，秋天會轉為豔紅色，在水面上構成一塊一塊美麗的色彩。

MARSH TREADER 絲黽，細長身體的水上昆蟲，在睡蓮葉上或水面上小心翼翼地行走，搜索捕捉孑孓、划蝽或其他小節肢類。

MAY FLY 蜉蝣。生命的絕大部分都是幼年期，在潔淨的淡水中度過長達三年時間，在岸邊、石下掘洞而居，或在水底東奔西竄。一

旦長成，牠便出水、交配、產卵、死亡，為時僅一到兩天。世人遂常以蜉蝣為喻，感嘆生命的短暫無常，其實這只是牠的成年期。

MEDUSA　水母，指一般熟悉的鐘形、傘形、碟形水母。有些水母一生會經歷水母體和水螅體兩個階段。（參看水螅 HYDROID 條）

MENHADEN　油鯡，一種群居的魚，鰣與鰳的近親，見於新斯科舍到巴西海域。人類大量捕撈牠，用於製油、作飼料及肥料，卻不是食用魚。有人形容牠是所有會游泳的較大捕食陸動物——包括鯨、鼠海豚、鮪魚、旗魚、青鱈及鱈——追捕的對象。

MEROANSER　秋沙鴨，是食魚的鴨，擅長潛水、潛泳。喙尖有齒狀利刺，用來捕捉及啣住滑溜的魚身最好用不過了。

MNEMIOPSIS　一種櫛水母，長可達四吋，從長島到卡羅萊納州，牠們成團出現。透明而有強烈磷光。

MOON JELLY　海月水母。（請參見 AURELIA 條）

■ N

NEREIS　沙蠶，活潑而優雅的海蟲。短的兩三吋，長的十二吋，因種類而異。在石下、淺灘海帶間常見，有時也游出水面。一般是銅色，泛美麗的虹暈。口顎強有力，善捕食。

NOCTILUCA　夜光藻，直徑約百分之三吋的單細胞動物，是海上主要發光體之一，有時能令大片海域閃爍強烈的磷光。白天，成團

浮動的夜光藻則把海染成紅色。

■ O

OARWEED　槳草，一種褐色海帶，全是大片寬平的皮質葉片。大型品種長在深海，但常被海浪沖刷上岸。其他俗名包括「魔鬼的圍裙」、「鞋底皮」等。是己知的最大植物之一，在太平洋岸有它的親族，長可達幾百呎。

OLD SQUAW　老婆鴨，以性情聒噪活潑、不畏寒冬風暴著稱的海鴨。在北極海岸孵育，冬天則往切薩皮克灣、北卡羅萊納海岸度過。雄鴨的尾羽特長，是與其他鴨類顯著不同處。

ORCA　殺人鯨（即 killer whale），是海豚家族的一員，不過因為有特別高的背鰭，明顯易辨。牠們成羣在海面迅速移動，攻擊鯨、海豚、海豹、海象以及大魚。極其強壯而勇悍，就連大鯨，看到牠們逼近也嚇得軟癱。

OTTER TRAWL　拖網，角錐形的一隻大袋子，由漁船拖著在海底移動。拖網一般長約一百二十呎，網口寬一百呎。拖動時，網口張開約十五呎高，兩端各有一個沉重的橡木門，藉水力使它們分開。門上各有一條拖繩，連接漁船。

■ P

PANDION　鶚的學名。

PETREL, WILSON'S 威爾遜氏海燕，俗稱 Mother Carey's chickens，夏季造訪美國海岸，冬季回到南美南端外海的群島築巢，有的島嶼在南極圈內。喜歡追隨船隻之後，在水面上翩翩起舞，因此許多人熟悉這種類似燕子的小鳥。

PHALAROPE 瓣蹼鷸，體型介乎雀與知更之間的小鳥。雖是濱鳥，冬天卻在大洋上度過。遷移期間在美國海岸外很多，可是牠們繼續南下，可能遠到赤道以南。在海上，牠們是游泳專家，以浮游生物為食。據說有時會站立在鯨背上，為牠啄食海蝨。

PLANKTON 浮游生物，字源來自希臘字「漫遊者」。所有生活在海洋或湖泊表面的微小動植物都屬浮游生物。有些浮游生物完全被動，隨水流前進後退，有些則能游來游去找食吃。不過，它們全都受比較強勁水流的主宰。許多海生動物在嬰幼期都是浮游生物的成員，包括絕大多數的魚和底棲的蛤貝、海星、蟹等。

PELEUROBRACHIA 長臂櫛水母，是長約半吋到一吋的小水母，倒是觸手很長，有的白色，有的玫瑰色。聚集多時，大量的幼魚都慘遭毒手。

PLOVER 鴴，或稱千鳥。雖是濱鳥，卻絕不像草鷸那樣在浪濤邊緣奔跑，而寧可待在灘頭高處。常見品類包括環頸鴴。除了羽色與草鷸不同外，在行動上牠們的特徵是：奔跑時頭抬起，看到食物時才猛地戳刺，不像草鷸一路走一路翻掘不休。鴴在加拿大及北極圈築巢（也有幾種在美國境內），度冬則南至智利及阿根廷。

PORTUGUESE MAN-OF-WAR 僧帽水母。很多人都看過牠漂亮的藍色浮球，漂浮在海面，尤其是在熱帶海域或墨西哥灣流上。這浮球的作用相當於帆或氣船。牠又有可伸長至四五十呎的觸手，可以當錨用。僧帽水母可能是水母當中最危險的一種，被牠叮著會引起嚴重不適甚至死亡。

POUND NET 柵網，網固定於椿柱上，椿柱打進水底，形成一種水下迷宮似的東西。網口安排的位置巧妙，魚兒循牠一貫的路徑，恰好游進網內。左拐右彎幾次之後，魚兒要想再尋路出去可就難了，柵網的最後一格，連水底也鋪著網。

PRAWN 對蝦，或泛稱比較大型的蝦。

PTARMIGAN 松雞，北極荒原上特產鳥，東半球與西半球都見。冬天，白雪覆蓋荒原上所有可食的東西，牠便大批大批遷移至風雪不至的內地河谷。偶然有些品類冬天在緬因州、紐約州及其他北部州也能見到。

PTEROPOD 軟翼海螺，是蝸牛的近親，但不論在外貌上或生活習性上，都不似蝸牛那般平淡無奇。牠住在空曠的大海上，用上層軟足優雅地游泳，有些海螺的殼薄如紙，有些則根本沒殼，而有美麗的色彩。有時牠們會大量集結，而遭鯨大口吃掉。

PURSE SEINE 圍網，用於深海，圍捕海面魚群。使用圍網捕魚，一定要看得見魚群才行——若在白天，要看見水下綽綽的黑影；在夜晚，要看見牠們激起的冷冷磷光。網放下時垂直入水，形成一道

圓牆，中間圍著魚群。拉扯底繩收緊網，把魚趕到中央，再用網袋汲出。

■ R

RADIOLARIA 放射蟲，僅見於海中的單細胞動物。比較大的，肉眼都能看到。通常包裹著矽質硬殼，殼作星形或雪花形，生命體便自殼中細線般伸出。像有孔蟲一樣，骨殼在牠們死後沉入海底，大量沉積在海洋底層。

RED CLAY 紅黏土，是大洋底部深達三哩以上區域的沉積層，覆蓋的範圍比任何別種沉積物都廣。基本成分是矽酸鋁。由於太深，幾乎不含有機物。

ROUND-MOUTHED FISH 圓嘴魚，住在中深度的一種大洋魚類，身上有兩排發光器官，中心銀色，外緣黑色。至於魚身的顏色，依其所居深度，從淺灰到黑（水愈深處愈暗，魚色愈黑）。嘴極大，張開時圓圓的，故得此俗名。

RYNCHOPS 黑剪嘴鷗的學名。

■ S

SALPA 樽海鞘，一種透明的桶狀動物，長約一吋餘，營集體生活，聚成團狀或鏈狀。從牠們身上可以看出脊椎動物出現以前，動物的背上那根軟質剛剛開始硬化，要變成脊椎前的狀況。不過在演化圖

上牠可能是一個旁支，並非脊椎動物的直系始祖。

SAND BUG 沙蟲，自鱈魚角到佛羅里達州，是沙灘上常見的東西，在潮間帶佔據大片領域。浪頭沖刺過沙灘時，如果發現沙上好像有核狀突起，往下挖挖，大概都會找到一隻沙蟲蜷伏在裡面。牠的背上有橢圓形的殼，尾巴或腹部儘力縮住殼下。牠是寄居蟹的遠親，不過寄居蟹發展出另外一套方法來保護自己的下腹（請參見寄居蟹 HERMIT CRAB 條）。沙蟲或稱「喜帕蟹」（hippa crab），是從牠的學名 Hippa talpoida 轉化過來的。

SAND DOLLAR 楯海膽，介殼扁圓，像沙灘上的一元硬幣，所以得了這個英文俗名。如果每一種海中動物都有這麼好認的特徵，記得牠們的名字就很簡單了。圓形介殼上蝕刻著星形圖案，說明牠與海星是有親屬關係的。楯海膽通常住在離岸稍遠的海底，但常被浪沖打上灘，因此沙灘上常見牠的殼。活著的時候，殼外包覆軟絲似的脊骨狀物。

SAND EEL 沙鱔，即玉筋魚（參見 LAUNCE 條）。

SANDERLING 三趾鷸，是草鷸中相當大的一種，典型的濱鳥。遷移的途徑極長，在北極圈築巢，度冬地則南至南美尖端的巴塔哥尼亞。

SAND FLEA 沙蚤。這小甲殼擔任沙灘上重要的清道夫角色，迅速食盡死魚或任何有機物質的殘餘。隨便翻開一片濕海帶，就會看到一二十隻沙蚤。一般不超過半吋長，活潑有勁地四處彈跳。有些

品類住在淺水中，但大部分住在濕沙或海帶上。

SCALLOP 干貝，或譯海扇。牠的空殼在東西兩岸的海灘上都是常見之物，殼呈扇形，自扇柄處散出清晰的輻射狀突紋。很多品類的干貝還自扇柄處向兩側伸出翼狀突起。和蠔、蛤一樣是可食的軟體動物，但人僅吃牠那負責張合貝殼的強大肌腱，市場上只賣牠的這一部分。干貝完全不像很多貝類那樣靜止不動，靠著貝殼的迅速張合，牠在水裡游來游去，動作敏捷而動向無常。

SCOMBER 鯖魚的學名。

SCUP OR POROY 鯛或棘鬣魚。這閃著銅、銀兩色的魚，在麻薩諸塞州到南卡羅萊納州的沿海數量很多。有些鯛定期遷移，從度冬的維吉尼亞海外，到新英格蘭的羅德島、麻薩諸塞州外海去產卵。通常住在海底，有時也會像鯖魚一樣，成群在水表漫遊。

SEA ANEMONE 海葵。平靜進食的海葵很像海底的菊花，但一旦受到驚擾，那如花的幻象立即消失，我們才看到這動物不太好看的本相：鬆軟的一個桶狀物。狀如花瓣的是牠的眾多觸手，能閃電般伸出去捕捉小動物。與水母、珊瑚有親屬關係，色澤往往雅緻美麗，體型小的才十六分之一吋，大的直徑數呎。有幾種在潮沼中或碼頭樁柱上很常見。

SEA CUCUMBER 海參，是海星、海膽的親族，外貌卻長得跟牠們全不像。海參像蠕蟲，有堅韌的外皮，在海底緩緩移動，吞食沙或泥，從中吸收微小的有機物質。受到敵人驚擾時，牠的防禦方式

海風下

很奇怪：排出內臟，待事過境遷，空下來時再造。曬乾了的海參是中國人的珍饈，歐洲人則吃海膽腹內的卵。

SEA LETTUCE　石蓴，扁平、葉狀的亮綠色海帶。葉狀體薄如面紙，卻常常生長在承受驚濤駭浪的岩石上。

SEA RAVEN　海烏鴉，屬杜父魚一族，不過相貌特別怪異：一顆大頭上長針刺，皮膚也很刺人，鰭則參差如破布。分布在拉布拉多到切薩皮克灣的海岸，而以鱈魚角北面最多。從水中撈起時，牠會像吹氣球似的脹大自己的身體，這時候把牠丟回水中，牠便無可奈何地背下肚上浮在水面。不是可上市的魚，不過漁人捕到牠往往留作釣螃蟹的餌。

SEA ROBIN　魴鮄，主要產於南卡羅萊納州到鱈魚角，只有少數北至芳地灣（Bay of Fundy 在加拿大東南）去。外貌接近海烏鴉等杜父魚，寬闊的頭、巨大的胸鰭（鰓蓋之下緊接著就是鰭）。常躺在海底，扇子似的鰭鋪展開來，若受驚則把自己埋進沙裡，只留眼睛在外面。魴鮄什麼都吃：從蝦、魷魚、貝類到小比目魚和鯡魚。

SEA SQUIRT　海鞘，身體如皮鞘，有兩個茶壺嘴似的開口，用手碰牠，牠便從開口處噴出水來。附著在石頭、海帶、碼頭椿柱之類的東西上生長，體內有一套精巧的系統，能過濾海水中的可食動物。介乎無脊椎動物和脊椎動物之間。日本人吃牠，有些南美洲人和地中海某幾個港口的人也吃。

SHEARWATER　剪水鸌，是大洋鳥類，僅在暴風天為避風而進入

沿海。有一種大剪水鸌，遷移的路線極長：在南大西洋孤立水中的崔斯坦德庫納羣島（Tristan Da Cunha islands，在好望角附近的三個火山島）孵育，築巢在長草遮覆的洞穴中。到了春天，牠們出發往北，一路飛到新英格蘭外海，從五月中旬直待到十月中下旬。之後，牠們橫越北大西洋，繼續沿歐洲和非洲海岸南下，回到島上的舊居。這麼環繞大西洋轉上一圈，相信要花牠兩年的時間，所以牠的孵育週期可能也是兩年。

SHEEPSHEAD　羊頭鯛，從麻薩諸塞州到德克薩斯州海域都撈得到的一種食用魚。在舊船殘骸、防波堤、碼頭等地，差不多總找得到牠。被稱為羊頭鯛，可能因為牠奇特的頭形，以及牠與羊相似的大牙齒。

SHRIMP　小蝦。生命週期有如龍蝦的縮影。包裝工場將牠包裝上市時，都把頭去掉，只留節肢的身體和頗富彈陸的尾巴，原因是牠的頭沒什麼肉。

SILVER EEL　銀鰻。在遷移途中的鰻有時稱為「銀鰻」，是形容牠此時發散銀色光澤的腹部。

SILVERSIDE　銀邊魚，一種細長的小魚，兩側有銀色條紋，海水與淡水中均見。沙質海岸外常見牠們成群結隊大批游動。

SKUA　賊鷗，大海上的鳥強盜。冬天裡在新英格蘭外海漁場常見，在那裡驚嚇性情比較溫和的海鷗、暴風鸌、剪水鸌等，迫使牠們放棄捕得的魚食。築巢在格陵蘭、冰島及更北的島嶼。

SNOW BUNTING 雪鵐，有時被稱為「雪花」。這種雀族的小鳥築巢在北極圈內，冬天則漫遊往南，有時遠達加拿大南部和美國北部。

SOLDIER FLY 水虻，成蟲身上有色彩繽紛的條紋，像軍人臂上的軍階。有些品種的幼嬰住在水中，像無生命的紡錘體，只將一根管子戳出水面呼吸空氣。

SPADEFISH 鏟子魚，身體渾圓而又非常扁平，故名。有些地方的人則叫牠「月亮魚」（moonfish）。長一呎到三呎，喜歡在沉船、碼頭、岩石等地搜尋有殼動物為食。從麻薩諸塞州到南美洲都有。

SPOT 圓斑魚，兩邊肩頭各有一枚銅色或黃色的圓斑，故名。住在麻州到德州的沿岸海域，是常見的食用魚。雄性會像咕嚕咕嚕魚一樣發出聲音，不過音量小些。

SQUID 魷魚或烏賊。大西洋沿海最常見的一種長約一呎，在岸邊成群出現。漁人常用烏賊作餌。牠的動作迅疾如箭，並能隨週遭環境變換顏色。和蠔與螺一樣，牠是軟體動物，不過牠的殼退化成身體內的細長硬質結構。小烏賊與巨烏賊（giant squid）身體結構並無大異，只是巨烏賊大得嚇人，已知最大的連觸手長五十呎。

STING RAY 刺魟，身體扁平而略呈四方形，一條如鞭的長尾巴，再加上尖銳的脊骨，讓人一眼就認出牠來。尾巴能打得人刺痛受傷。牠住在鱈魚角到巴西海岸，偶然也出現在外海沙洲漁場。是鰩與鯊的近親。

■ T

TEAL 水鴨。雖小，這藍翅水鳥卻是鴨族中飛得最快的。遷移時，從紐芬蘭（Newfoundland）和北加拿大南遷至巴西與智利。不過也有許多水鴨在中緯度的大西洋上度冬。

TERN 燕鷗，是典型的海岸鳥類。飛行時，低下頭檢視海面有沒有魚蹤，如果有，便穿水而入。憑此習性很容易辨認牠。牠們在孤立的沙灘或島岸築巢，建立大片群居地。有一種北極燕鷗，遷移路線是紀錄上最長的：從北美洲的北極圈內，經過歐洲和非洲，抵達南極地區。

TURNSTONE 翻石鷸，是一種你見過便不會忘懷的濱鳥，因為牠的黑、白、紅褐間雜的亮麗羽色有驚人的美。得到「翻石鷸」這俗名，是因牠習慣用短喙翻轉石頭、貝殼及海帶，尋覓沙蚤等小東西的蹤跡。又名「印花布鳥」（calico bird）。

■ W

WATER BOATMAN 划蝽。任何人只要往平靜的溪流或池塘邊一站，便會看到這小昆蟲划著足槳橫渡水面。船身似的橢圓身體才四分之一时長，槳是牠的最後一對腳，比較扁平，生著纖毛。可怪的是，有些划蝽很能飛，不過牠只在夜間施展這項技能。有的會摩擦前腳，發出樂聲。

WHITING 牙鱈，強壯活潑，能從海底衝上海面去捕捉獵物——

海風下

—這獵物多半是集體行動的小型魚。有時被稱為銀鰭（silver hake），是鱈魚（cod）的近親，但比較活躍而瘦長。從巴哈馬到大瀨，從潮區到兩千呎深處，都是牠的生活範圍。

WIDGEON GRASS　鳧草，水鳥愛吃的一種水草，吃它黑色的小籽，也吃它的葉和莖。長在淡水與海水混合的岸邊水域（有時也長在海水中），內陸鹼性水域也見到它。

WINGED SNAIL　軟翼海螺，請見 PTEROPOD 條。

■ Y

YELLOWLEGS　黃腳鷸。有大小兩種，別名都叫「多嘴婆」（telltale 或 tattler），原因是牠看到危險迫近，會大聲叫喚，警告沒看見的鳥。小黃腳鷸春天在大西洋岸不大見得著，因為牠前往加拿大中部的孵育地，是經由密西西比路線。秋天在東岸海濱則兩種都看得到，是踩著明顯黃腳的大濱鳥。冬天在阿根廷、智利和秘魯度過。

瑞秋．卡森年表

尹萍　編譯

1907 年　　　出 生 於 美 國 賓 州 春 谷 鎮（Springdale, Pennsylvania）。母 親 Maria McLean，父 親 Robert Warden Carson。當時姊姊 Marian 十歲，哥哥 Robert 八歲。

1918 年　　　短篇故事〈雲間戰事〉（'A battle in the Clouds'），發表在 St. Nicolas 雜誌青年作家專輯中，得稿費十美元。

1919 年　　　又有兩篇小說〈致前線〉（'A Message to the Front'）及〈著名海戰〉（'A Famous Sea Fight'）發表在上述雜誌中。

1925 年　　　高中畢業。得賓州女子學院（Pennsylvania College for Women in Pittsburgh）獎學金，入該校就讀。

1929 年　　　獲科學學士學位。獲林洞海洋生物實驗室（Woods Hole Marine Bio logical Laboratory）獎助作暑期研究，又獲約翰霍普金斯大學（Johns Hopkins University）獎學金，在該校研究所就讀。首次看到大洋。

海風下

1930-36 年　在約翰霍普金斯大學暑期班任生物學助教。

1931-33 年　任馬里蘭大學（University of Maryland）動物學兼任
　　　　　　助教。

1932 年　　取得約翰霍普金斯大學動物學碩士學位。

1935 年　　父親過世。為貼補家計，為美國漁業局撰寫廣播稿。

1936-39 年　先是通過公務員檢定考試，獲聘為漁業局新進海洋生
　　　　　　物學者。奉母遷居馬里蘭州銀泉市（Silver Spring,
　　　　　　Maryland）。姊姊過世，收養她的兩個女兒。偶有作品，發
　　　　　　表在巴爾的摩太陽報週日版（Baltimore Sunday Sun）。

1937 年　　大西洋月刊（Atlantic Monthly）刊出她的文章〈海底
　　　　　　世界〉（'Undersea'），備受矚目與好評。

1941 年　　第一本書《海風下》（Under the Sea Wind）出版。

1946 年　　任美國漁業暨野生動物署海洋生物學者。

1949 年　　受任為漁業暨野生動物署總編輯。親嘗海底潛水滋
　　　　　　味。隨政府研究船作深海航行。接受尤金．薩克斯頓
　　　　　　（Eugene F. Saxton）獎助金，寫作《週遭之海》（The
　　　　　　Sea Around Us）一書。

1950 年　　以〈島的誕生〉（'Birth of an Island'）一文，獲西屋
　　　　　　科學寫作獎。這篇文章，本是《週遭之海》的一章，發
　　　　　　表在耶魯評論（Yale Review）上。

1951 年　　再接受古根漢獎助金（Guggenheim Fellowship），繼
　　　　　　續寫書。《週遭之海》節本刊登於 6 月號紐約客（New
　　　　　　Yorker）雜誌上，全書隨即於 7 月出版。當年年底，

約時報票選該書為「年度好書」(outstanding book of the year)。

1952 年　　《週遭之海》獲選為 1951 年全國非小說類最佳書獎,又以「傑出文學素質」,獲贈約翰布魯自然歷史書卷獎(John Burroughs Medal)。《海風下》再版,與《週遭之海》同登暢銷書榜。賓州女子學院、奧伯林學院(Oberlin College) 及 德瑞索理工學院 (Drexel Institute of Technology) 分別頒贈她榮譽博士學位。當選為英國皇家文學學會會員 (Fellow of the Royal Society of Literature in England)。辭公務員職。

1953 年　　接受史密斯學院 (Smith College) 榮譽博士學位。獲選為全國文藝協會 (National Institute of Arts and Letters) 會員。RKO 公司將《週遭之海》拍成電影,獲當年奧斯卡最佳紀錄片獎。

1955 年　　《在海之濱》(*The Edge of the Sea*) 出版。紐約客雜誌在出書前搶先刊登該書片段。美國全國婦女會(National Council of Women of the U.S.) 稱該書為「當年傑出作品」。獲美國大學女性協會頒發「成就獎」。(Achievement Award of American Association of University Women)

1956 年　　為電視科學節目 "Omnibus" 撰寫〈雲〉的腳本。婦女良伴 (Women's Home Companion) 雜誌刊出她的〈幫助孩子探索〉('Help Your Child to Wonder') 一文。

海風下

1957 年	甥女瑪嬌麗去世，收養她的五歲兒子羅傑（Roger Christie）。在銀泉市重建新家。
1958 年	〈變動不居的海岸〉（'Our Ever-Changing Shore'）一文發表在假日雜誌（*Holiday*）「美國的大自然」專刊上。長期臥病的母親這年12月過世。
1960 年	開刀摘除腫瘤。醫生告知患有癌症。
1962 年	《寂靜的春天》面世。紐約客先摘錄精華。化學工業界羣起作人身及科學抨擊。但到年底時，美國國會已出現四十幾種法案，要求立法規範殺蟲劑之使用。
1963 年	動物福利學會頒發史懷哲獎章，全國野生動物協會也頒給年度獎。電視節自「CBS報導」製作「瑞秋．卡森的寂靜之春」專輯，讓她與化學工業界及政府代表同堂辯論。美國總統的科學顧問委員會證實《寂靜的春天》書中所述不虛。12月，全國奧都邦學會（National Audubon Society）及美國地理學會（American Geographical Society）分別頒給獎章。獲選為美國文藝研究院（American Academy of Arts and Letters）院士。
1964 年	4月14日在馬里蘭州銀泉市因癌症及心臟病去世。
1970 年	內政部長席科（Walter Hickel）在緬因州劃定「瑞秋．卡森野生動物保護區」。
1980 年	卡特總統追贈「自由獎章」（Presidential Medal of Freedom）給瑞秋．卡森。這是政府頒給平民之最高榮譽。

鷹之魂 04

海風下
— 2023 年經典版 —
Under the Sea Wind

作　　　者	瑞秋．卡森 Rachel Carson	
譯　　　者	尹萍	
副 總 編 輯	成怡夏	
行 銷 總 監	蔡慧華	
行 銷 企 劃	張意婷	
封 面 設 計	莊謹銘	
內 頁 排 版	宸遠彩藝	
社　　　長	郭重興	
發 行 人	曾大福	
出　　　版	遠足文化事業股份有限公司 鷹出版	
發　　　行	遠足文化事業股份有限公司	
	231 新北市新店區民權路 108 之 2 號 9 樓	
客 服 信 箱	gusa0601@gmail.com	
電　　　話	02-2218-1417	
傳　　　真	02-8661-1891	
客 服 專 線	0800-221-029	
法 律 顧 問	華洋法律事務所 蘇文生律師	
印　　　刷	成陽印刷股份有限公司	
初　　　版	2023 年 6 月	
定　　　價	320 元	
I　S　B　N	9786267255124（紙本）	
	9786267255131（EPUB）	
	9786267255148（PDF）	

國家圖書館出版品預行編目 (CIP) 資料

海風下 / 瑞秋．卡森 (Rachel Carson) 作；尹萍譯.
-- 初版. -- 新北市：遠足文化事業股份有限公司鷹出版：遠足文化事業股份有限公司發行，2023.06 面；
　公分. --（鷹之魂；4）譯自：Under the Sea Wind
ISBN 978-626-7255-12-4(平裝)
1. 海洋生物　　2. 通俗作品
366.98　　　　　　　　　　　　　　　　　　　　　　　　　112006020